输电线路与无线电台(站)的电磁影响

邹 军 吴桂芳 张 欢 赵 鹏 等编著

中国电力出版社
CHINA ELECTRIC POWER PRESS

内 容 提 要

本书依据架空输电线路与无线电台（站）电磁影响的主要研究成果、实践经验和国内外资料撰写。全书共五章，从电磁场基本理论出发，基于电偶极子电磁场经典理论推导出架空输电线路时谐电流激励的电场强度的近似计算方法，论述了架空输电线路对无线电测向的电磁影响机理、保护距离和解决措施；基于矩量法计算架空输电线路再次辐射电场强度和空间谱估计测向的示向度误差，阐述了电晕无线电干扰特性和对无线电接收的电磁影响；根据标准分析了架空输电线路对导航、雷达和微波通信等电磁影响的保护距离。

本书是一部理论性和实践性较强的科技专著，可作为从事电磁影响与电磁兼容的科研、设计、建设和管理人员的参考书，也可作为高等院校教学参考书。

图书在版编目（CIP）数据

输电线路与无线电台（站）的电磁影响 / 邹军等编著 . — 北京：中国电力出版社，2020.11
ISBN 978-7-5198-4893-4

Ⅰ. ①输⋯　Ⅱ. ①邹⋯　Ⅲ. ①输电线路—电磁干扰—影响—无线电台
Ⅳ. ① TM726 ② TN924

中国版本图书馆 CIP 数据核字（2020）第 156043 号

出版发行：中国电力出版社
地　　址：北京市东城区北京站西街 19 号（邮政编码 100005）
网　　址：http://www.cepp.sgcc.com.cn
责任编辑：吴　冰（010−63412356）
责任校对：黄　蓓　朱丽芳
装帧设计：郝晓燕
责任印制：石　雷

印　　刷：北京天宇星印刷厂
版　　次：2020 年 11 月第一版
印　　次：2020 年 11 月北京第一次印刷
开　　本：710 毫米 ×1000 毫米　16 开本
印　　张：8.75
字　　数：145 千字
印　　数：0001—1000 册
定　　价：38.00 元

版权专有　侵权必究
本书如有印装质量问题，我社营销中心负责退换

自　序

　　19 世纪末至 20 世纪初，人们发现了电力线路对电话、电报的电磁干扰，开始关注强电对弱电的电磁干扰问题。很多国家对此进行了长期的试验研究，国际电报电话咨询委员会（CCITT）多次颁布"防护导则"，国际大电网会议（CIGRE）、国际无线电干扰特别委员会（CISPR）、国际电工委员会（IEC）和国际电信联盟（ITU）都颁布了相应标准或推荐。我国自 20 世纪 50 年代开始，相关科研、设计、工程建设、运行单位和大专院校陆续开展了大量的试验研究工作，各有关部门制定了国家标准或相应的规程，较好地解决了强电与弱电两大系统间的电磁影响和兼容。

　　21 世纪，为实现"两个一百年"目标，快速高质量地发展绿色电力，管理部门统一规划、合理布局，有关部门相互协调，依据国家标准、行业标准和研究成果解决电力工程建设电磁影响问题，达到共同发展的目的。

　　鉴于撰写《输电线路与无线电台（站）的电磁影响》一书尚属初次尝试，其主要目的是介绍相关专业知识和最新科研成果，更好地贯彻标准和有关规定，供工程建设和设计参考。本书主要介绍架空输电线路与无线电台（站）的电磁影响（干扰），重点阐述架空输电线路与中短波段收信台和测向台的电磁影响。架空输电线路电晕和架空输电线路对外界电磁波的再次辐射（散射）是对无线电台（站）电磁影响的原因。根据电磁场基本理论，推导架空输电线路时谐电流激励的电场强度近似计算方法；介绍无线电测向体制与典型测向系统，评估架空输电线路对无线电测向的电磁影响机理和保护间距；基于矩量法计算"架空地线—铁塔"回路电流分布及再次辐射场，并采用空间谱估计技术，确定输电线路与测向系统的保护间距；阐述架空输电线路电晕机理、特性，分析了电晕无线电干扰对无线电收信的电磁影响；分析各类无线电台（站）的标准和限值，并结合工程实例进行计算。

在本人倡议下，得到清华大学、北京电力经济技术研究院有限公司和中国电力出版社等单位的大力支持，特邀请赵衡研究员和有关单位的科技人员编写了本书。在此对大力支持本书编写、出版的各单位领导和参与者表示衷心感谢。希望本书的出版能够为广大读者提供有益的参考。

崔鼎新

2020 年 1 月于北京

前　言

　　高压输电线路与无线电台（站）的电磁影响是强、弱电两大系统电磁耦合的复杂问题。为进一步提高我国高压输电线路的建设水平，由清华大学、中国电力科学研究院有限公司和北京电力经济技术研究院有限公司等单位的科研人员，针对我国高压输电线路设计和建设中遇到的无线电台（站）电磁影响问题，历经十数年试验研究积累，合作整理和编撰而成本书。

　　本书系统性介绍了高压输电线路与无线电台（站）电磁耦合的电偶极子模型与适用于工程计算的简化公式；对无线电测向系统与其电磁影响评估进行了全面介绍，同时，给出了相应的评估方法。对于由高压输电线路组成的网络，本书介绍了高压铁塔的简化模型和杆塔系统感应电流基于矩量法的快速算法；结合无线电测向体制，本书还进一步介绍了基于现代数字信号处理技术的测向算法。输电线路电晕对无线电台（站）的电磁影响是工程中关切的一个重要问题，本书针对此问题展开了详细阐述，给出了必要的计算公式。最后，为方便工程设计，本书汇总了高压输电线路设计中常用的规程和规范，并对其进行了解释。

　　本书第 1 章由崔鼎新、吴桂芳和侯东洋撰写；第 2 章由赵衡撰写；第 3 章由邹军和蒋陶宁撰写；第 4 章由赵鹏撰写；第 5 章由张欢撰写，各章节由吴桂芳总校对，全书由邹军校核，崔鼎新复核。

　　本书具有前沿性、综合性和工程性相结合的特点，是目前第一本全面介绍输电线路与无线电台（站）电磁影响研究的科技专著。因学识和水平有限，同时，工程中各种新技术不断应用，书中疏漏和不当之处在所难免，恳请同行和读者批评指正。

编者

2020 年 7 月

目 录

1 架空输电线路时谐电流激励的电磁场

架空输电线路在运行工况下，除导线上的工频电流之外，还存在音频段的谐波电流、长中波频段的电力载波（PLC）电流和中短波频段的电晕电流，以及来自空中各频段电磁波在输电线路上感应的电流，这些电流是时间的简谐函数，简称为时谐电流。输电线路导线上传输的时谐电流在周围空间激励电磁场，称为辐射电磁场（工频为感应场）。来自空中各频段的电磁波在输电线路导线、地线和铁塔上感应的时谐电流也在周围空间激励电磁场，称为再次辐射电磁场。输电线路时谐电流在周围空间的辐射电磁场或再次辐射电磁场都有可能对无线电台（站）产生电磁影响，其影响程度主要取决于辐射电磁场或再次辐射电磁场的电场强度。

本章从宏观电磁场基本理论出发，依据麦克斯韦（Maxwell）方程组，推导出齐次波动方程及其解。按照索末菲（Sommerfeld）电偶极子电磁场理论，求解空气和大地两层媒质中单导线上时谐电流在周围空间激励的电场强度。

1.1 电磁场基本方程

单导线上的时谐电流在周围空间激励的电磁场，仍遵守如下 Maxwell 方程组[1]

$$\nabla \times \boldsymbol{H} = \boldsymbol{J} + \frac{\partial \boldsymbol{D}}{\partial t} \qquad (1\text{-}1)$$

$$\nabla \times \boldsymbol{E} = -\frac{\partial \boldsymbol{B}}{\partial t} \qquad (1\text{-}2)$$

$$\nabla \cdot \boldsymbol{B} = 0 \qquad (1\text{-}3)$$

$$\nabla \cdot \boldsymbol{D} = \rho \qquad (1\text{-}4)$$

式中　∇——Hamilton 算子；

　　　$\boldsymbol{H}$——磁场强度；

　　　$\boldsymbol{E}$——电场强度；

B——磁感应强度；

D——电位移；

J——电流密度；

ρ——电荷密度。

对于均匀、各向同性、线性的媒质，则

$$B = \mu H \qquad (1\text{-}5)$$

$$D = \varepsilon E \qquad (1\text{-}6)$$

$$J = \sigma E \qquad (1\text{-}7)$$

式中 μ——媒质的磁导率（真空 $\mu_0 = 4\pi \times 10^{-7}\,\mathrm{H/m}$ ）；

ε——媒质的介电常数（真空 $\varepsilon_0 = 8.854 \times 10^{-12} \approx \dfrac{1}{36\pi} \times 10^{-9}\,\mathrm{F/m}$ ）；

σ——媒质的电导率（真空 $\sigma_0 = 0\,\mathrm{S/m}$ ）。

这三个参量为常数。

由于式（1-3）成立，磁感应强度 B 可用矢量势 A 的旋度来表示，即

$$B = \nabla \times A \qquad (1\text{-}8)$$

将此式代入式（1-2）中，得

$$\nabla \times \left(E + \frac{\partial A}{\partial t} \right) = 0$$

因为矢量旋度为零，可用标量位 Φ 负梯度来表示，即

$$E = -\frac{\partial A}{\partial t} - \nabla \Phi \qquad (1\text{-}9)$$

又因

$$\nabla \times B = \nabla \times \nabla \times A = \nabla(\nabla \cdot A) - \nabla^2 A \qquad (1\text{-}10)$$

将式（1-5）代入式（1-1），再将式（1-6）和式（1-7）代入，使其与式（1-10）相等，得

$$\nabla(\nabla \cdot A) - \nabla^2 A = \mu \sigma E + \mu \varepsilon \frac{\partial E}{\partial t} \qquad (1\text{-}11)$$

引入 Lorenz 条件

$$\nabla \cdot A = -\mu \sigma \Phi - \sigma \varepsilon \frac{\partial \Phi}{\partial t} \qquad (1\text{-}12)$$

将式（1-9）和式（1-12）代入式（1-11）中，得

$$\nabla^2 A - \mu\sigma\frac{\partial A}{\partial t} - \mu\varepsilon\frac{\partial^2 A}{\partial t^2} = 0 \qquad (1\text{-}13)$$

这就是所求的矢量势 A 方程。

对于无磁流、磁荷存在的空间，为了简化求解引入赫兹（Hertz）电矢量 $\boldsymbol{\Pi}$，设

$$A = \mu\varepsilon\frac{\partial\boldsymbol{\Pi}}{\partial t} + \mu\sigma\boldsymbol{\Pi} \qquad (1\text{-}14)$$

$$\varPhi = -\nabla\cdot\boldsymbol{\Pi} \qquad (1\text{-}15)$$

将式（1-14）代入式（1-8）中，得

$$B = \mu\varepsilon\nabla\times\frac{\partial\boldsymbol{\Pi}}{\partial t} + \mu\sigma\nabla\times\boldsymbol{\Pi} \qquad (1\text{-}16)$$

将式（1-14）代入式（1-9）中，得

$$E = \nabla\nabla\cdot\boldsymbol{\Pi} - \mu\varepsilon\frac{\partial^2\boldsymbol{\Pi}}{\partial t^2} - \mu\sigma\frac{\partial\boldsymbol{\Pi}}{\partial t} \qquad (1\text{-}17)$$

再将式（1-14）代入式（1-13）中，得

$$\mu\left(\varepsilon\frac{\partial}{\partial t} + \sigma\right)\left(\nabla^2\boldsymbol{\Pi} - \mu\sigma\frac{\partial\boldsymbol{\Pi}}{\partial t} - \mu\varepsilon\frac{\partial^2\boldsymbol{\Pi}}{\partial t^2}\right) = 0 \qquad (1\text{-}18)$$

将此式对时间 t 求积分，积分常数取零不影响场的确定，上式变为

$$\nabla^2\boldsymbol{\Pi} - \mu\sigma\frac{\partial\boldsymbol{\Pi}}{\partial t} - \mu\varepsilon\frac{\partial^2\boldsymbol{\Pi}}{\partial t^2} = 0 \qquad (1\text{-}19)$$

此式就为所求的 Hertz 电矢量 $\boldsymbol{\Pi}$ 方程，也称振荡方程。

若激励源是时间的简谐函数$\exp(\mathrm{j}\omega t)$，式（1-19）变为

$$\nabla^2\boldsymbol{\Pi} - \mathrm{j}\omega\mu(\sigma + \mathrm{j}\omega\varepsilon)\boldsymbol{\Pi} = 0 \qquad (1\text{-}20)$$

$$k^2 = -\mathrm{j}\omega\mu(\sigma + \mathrm{j}\omega\varepsilon), \quad k = \mathrm{j}\sqrt{\mathrm{j}\omega\mu(\sigma + \mathrm{j}\omega\varepsilon)}_\circ$$

k 称为媒质传播常数。

这时式（1-20）简写为

$$\nabla^2\boldsymbol{\Pi} + k^2\boldsymbol{\Pi} = 0 \qquad (1\text{-}21)$$

称齐次 Helmholtz 方程，也称波动方程，其解为 Green 函数 [2] $\dfrac{\mathrm{e}^{jkR}}{4\pi R}$。

在无限空间非导电媒质中 $\mathrm{d}s$ 电偶极子的 Hertz 电矢量$\boldsymbol{\Pi}$为 [3]

$$\boldsymbol{\varPi} = -\frac{\mathrm{j}\omega\mu I\mathrm{d}s}{4\pi k^2}\frac{\mathrm{e}^{\mathrm{j}kR}}{R} \tag{1-22}$$

式中　μ——媒质磁导率；

　　　ω——角频率，$\omega = 2\pi f$；

　　　f——时谐电流 I 的频率；

　　　R——电偶极子与观测点的距离（见图 1-1），$R = \sqrt{x^2 + y^2 + (h-z)^2}$；

　　　z——观测点与地面高度；

　　　h——电偶极子与地面高度。

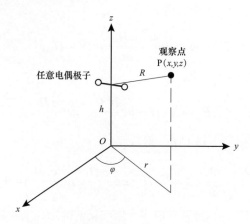

图 1-1　任意电偶极子与观测点的坐标

Sommerfeld 给出式（1-22）的积分形式为

$$\boldsymbol{\varPi} = -\frac{\mathrm{j}\omega\mu I\mathrm{d}s}{4\pi k^2}\int_0^\infty \frac{u}{\sqrt{u^2-k^2}}\mathrm{e}^{-\sqrt{u^2-k^2}\,|h-z|}J_0(ru)\mathrm{d}u \tag{1-23}$$

式中　$J_0(ru)$——第 1 类 0 阶 Bessel 函数；

　　　u——特征值；

　　　r——电偶极子与观测点的水平距离，$r = \sqrt{x^2 + y^2}$。

可得

$$\frac{\mathrm{e}^{\mathrm{j}kR}}{R} = \int_0^\infty \frac{u}{\sqrt{u^2-k^2}}\mathrm{e}^{-\sqrt{u^2-k^2}\,|h-z|}J_0(ru)\mathrm{d}u \tag{1-24}$$

称为 Sommerfeld 积分。

时谐函数场量与 Hertz 电矢量 $\boldsymbol{\varPi}$ 的关系为

$$B = -\frac{k^2}{j\omega}\nabla \times \boldsymbol{\Pi} \tag{1-25}$$

$$E = k^2\boldsymbol{\Pi} + \nabla\nabla \cdot \boldsymbol{\Pi} \tag{1-26}$$

$$\Phi = -\nabla \cdot \boldsymbol{\Pi} \tag{1-27}$$

由于

$$A = -\frac{k^2}{j\omega}\boldsymbol{\Pi} \tag{1-28}$$

时谐函数场量与矢量势 A 的关系为

$$B = \nabla \times A \tag{1-29}$$

$$E = -j\omega A - \frac{j\omega}{k^2}\nabla\nabla \cdot A \tag{1-30}$$

$$\Phi = \frac{j\omega}{k^2}\nabla \cdot A \tag{1-31}$$

式（1-26）或式（1-30）的第一项为感性部分，第二项为阻性部分。

1.2　电偶极子电磁场

单导线上时谐电流激励的电磁场可视为很多个电偶极子电磁场的叠加（积分）。早在 20 世纪初，Sommerfeld 已解决了两层媒质偶极子电磁场的计算基本模型 [2]，在此仅对电偶极子电磁场的计算基本模型予以简述。

1.2.1　水平电偶极子

假设电偶极子处于空气中，观测点处于空气或大地中，系两层半无穷空间媒质，见图 1-2。若水平电偶极子平行 x 轴在其上方 h 处，场对 $x-z$ 平面对称，但对 $x-y$ 平面不对称，这时 $\boldsymbol{\Pi}_y = 0$，$\boldsymbol{\Pi}_x \neq 0$，$\boldsymbol{\Pi}_z \neq 0$。

由于媒质交界面电场强度、磁场强度切向分量相等作为边界条件，将式（1-25）和式（1-26）展开为直角坐标 x、y、z 分量，当 $z=0$ 时，得 [2]

$$E_{0x} = E_{1x}, k_0^2\Pi_{0x} = k_1^2\Pi_{1x} \tag{1-32}$$

$$E_{0y} = E_{1y}, \frac{\partial\Pi_{0x}}{\partial x} + \frac{\partial\Pi_{0z}}{\partial z} = \frac{\partial\Pi_{1x}}{\partial x} + \frac{\partial\Pi_{1z}}{\partial z} \tag{1-33}$$

$$H_{0x} = H_{1x}, k_0^2 \Pi_{0z} = k_1^2 \Pi_{1z} \qquad (1\text{-}34)$$

$$H_{0y} = H_{1y}, k_0^2 \frac{\partial \Pi_{0x}}{\partial z} = k_1^2 \frac{\partial \Pi_{1x}}{\partial z} \qquad (1\text{-}35)$$

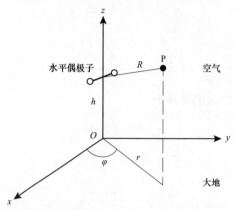

图 1-2　水平电偶极子和观测点相对位置

若观测点 P 在空气中 $(0 \leqslant z < \infty)$，电偶极子的一次场的 x 分量，这时式（1-23）变为

$$\Pi_{0xp} = -\frac{j\omega\mu Idx}{4\pi k_0^2} \int_0^\infty \frac{u}{\beta_0} e^{-\beta_0|h-z|} J_0(ru)du \qquad (1\text{-}36)$$

$$\beta_0 = \sqrt{u^2 - k_0^2}$$

$$k_0 = j\sqrt{j\omega\mu_0(\sigma_0 + j\omega\varepsilon_0)} \approx -\omega\sqrt{\mu_0\varepsilon_0} = -\frac{\omega}{c}$$

式中　k_0——空气媒质传播常数（1/m）；

　　　c——光速。

二次场的 x 分量为

$$\Pi_{1xs} = -\frac{j\omega\mu Idx}{4\pi k_0^2} \int_0^\infty g_0(u) e^{-\beta_0|h+z|} J_0(ru)du \qquad (1\text{-}37)$$

电偶极子的合成场 x 分量为一次场 x 分量和二次场 x 分量的叠加，即

$$\Pi_{0x} = -\frac{j\omega\mu Idx}{4\pi k_0^2} \int_0^\infty \left[\frac{u}{\beta_0} e^{\beta_0 z} + g_0(u) e^{-\beta_0 z} \right] e^{-\beta_0 h} J_0(ru)du \qquad (1\text{-}38)$$

若观测点 P 在大地中 $(0 \geqslant z > -\infty)$，电偶极子只有二次场，式（1-23）变为

$$\Pi_{1x} = -\frac{j\omega\mu Idx}{4\pi k_0^2} \int_0^\infty g_1(u) e^{-\beta_0 h + \beta_1 z} J_0(ru)du \qquad (1\text{-}39)$$

$$\beta_1 = \sqrt{u^2 - k_1^2}$$

$$k_1 = j\sqrt{j\omega\mu_1(\sigma_1 + j\omega\varepsilon_1)} \approx j\sqrt{j\omega\mu_0(\sigma_1 + j\omega\varepsilon_1)}$$

式中　k_1——大地媒质传播常数（1/m）；

　　　c——光速。

当 $z=0$ 时，将式（1-38）和式（1-39）代入式（1-32），再将式（1-38）和式（1-39）对 z 求导数后 $z=0$ 的两式代入式（1-35），得

$$g_0(u) = \frac{u}{\beta_0}\left(\frac{2\beta_0}{\beta_0 + \beta_1} - 1\right) \tag{1-40}$$

$$g_1(u) = \frac{k_0^2}{k_1^2}\frac{2u}{\beta_0 + \beta_1} \tag{1-41}$$

将式（1-40）代入式（1-38）中，得空气中 Hertz 电矢量 x 分量为

$$\Pi_{0x} = -\frac{j\omega\mu Idx}{4\pi k_0^2}\left[\frac{e^{jk_0R_1}}{R_1} - \frac{e^{jk_0R_2}}{R_2} + 2\int_0^\infty \frac{u}{\beta_0 + \beta_1}e^{-\beta_0(z+h)}J_0(ru)du\right] \tag{1-42}$$

式中　R_1——偶极子与观测点的距离，$R_1 = \sqrt{x^2 + y^2 + (h-z)^2}$；

　　　R_2——偶极子镜像与观测点的距离，$R_2 = \sqrt{x^2 + y^2 + (h+z)^2}$。

将式（1-41）代入式（1-39）中，得大地中 Hertz 电矢量 x 分量为

$$\Pi_{1x} = -\frac{j\omega\mu Idx}{4\pi k_0^2}\left[2\frac{k_0^2}{k_1^2}\int_0^\infty \frac{u}{\beta_0 + \beta_1}e^{-\beta_1 z - \beta_0 h}J_0(ru)du\right] \tag{1-43}$$

Hertz 电矢量 z 分量 $\boldsymbol{\Pi}_z$ 应含有第 1 类 1 阶 Bessel 函数，以及 x 与 r 夹角 φ 的余弦，在空气和大地中 Hertz 电矢量的 z 分量分别为

$$\Pi_{0z} = -\frac{j\omega\mu Idx}{4\pi k_0^2}\cos\varphi\int_0^\infty f_0(u)e^{-\beta_0(h+z)}J_1(ru)du \tag{1-44}$$

$$\Pi_{1z} = -\frac{j\omega\mu Idx}{4\pi k_0^2}\cos\varphi\int_0^\infty f_1(u)e^{-\beta_0 h + \beta_1 z}J_1(ru)du \tag{1-45}$$

式中　$\cos\varphi = \dfrac{x}{r}$。

同样，用边界条件求待定函数。设上两式中 $z=0$，再代入式（1-34）；将式（1-44）和式（1-45）对 x 求偏导数，再将式（1-44）和式（1-45）对 z 求偏导数，代入式（1-33），得

$$f_0(u) = \frac{2u^2(\beta_0 - \beta_1)}{k_0^2\left(\beta_0\dfrac{k_1^2}{k_0^2} + \beta_1\right)}$$

$$f_1(u) = \frac{2u^2(\beta_0 - \beta_1)}{k_1^2\left(\beta_0\dfrac{k_1^2}{k_0^2} + \beta_1\right)}$$

将 $f_0(u)$ 和 $f_1(u)$ 代入式（1-44）和式（1-45）为

$$\Pi_{0z} = -\frac{\mathrm{j}\omega\mu I\mathrm{d}x}{4\pi k_0^2}\cos\varphi\int_0^\infty \frac{2u^2(\beta_0 - \beta_1)}{k_0^2\left(\beta_0\dfrac{k_1^2}{k_0^2} + \beta_1\right)}\mathrm{e}^{-\beta_0(h+z)}J_1(ru)\mathrm{d}u \qquad (1\text{-}46)$$

$$\Pi_{1z} = -\frac{\mathrm{j}\omega\mu I\mathrm{d}x}{4\pi k_0^2}\cos\varphi\int_0^\infty \frac{2u^2(\beta_0 - \beta_1)}{k_1^2\left(\beta_0\dfrac{k_1^2}{k_0^2} + \beta_1\right)}\mathrm{e}^{-\beta_0 h+\beta_1 z}J_1(ru)\mathrm{d}u \qquad (1\text{-}47)$$

将式（1-42）和式（1-43）分别代入式（1-26）第一项中，得在空气和大地两层媒质中任意观测点电场强度 x 分量，分别为

$$E_{0x} = -\frac{\mathrm{j}\omega\mu I\mathrm{d}x}{4\pi}\left[\frac{\mathrm{e}^{\mathrm{j}k_0 R_1}}{R_1} - \frac{\mathrm{e}^{\mathrm{j}k_0 R_2}}{R_2} + 2\int_0^\infty \frac{u}{\beta_0 + \beta_1}\mathrm{e}^{-\beta_0(h+z)}J_0(ru)\mathrm{d}u\right] \qquad (1\text{-}48)$$

$$E_{1x} = -\frac{\mathrm{j}\omega\mu I\mathrm{d}x}{4\pi}\left[2\int_0^\infty \frac{u}{\beta_0 + \beta_1}\mathrm{e}^{\beta_1 z-\beta_0 h}J_0(ru)\mathrm{d}u\right] \qquad (1\text{-}49)$$

将式（1-46）和式（1-47）分别代入式（1-26）第一项中，得空气和大地两层媒质中任意观测点的电场强度 z 分量为

$$E_{0z} = -\frac{\mathrm{j}\omega\mu I\mathrm{d}x}{4\pi}\cos\varphi\int_0^\infty \frac{2u^2(\beta_0 - \beta_1)}{k_0^2\left(\beta_0\dfrac{k_1^2}{k_0^2} + \beta_1\right)}\mathrm{e}^{-\beta_0(h+z)}J_1(ru)\mathrm{d}u \qquad (1\text{-}50)$$

$$E_{1z} = -\frac{\mathrm{j}\omega\mu I\mathrm{d}x}{4\pi}\cos\varphi\int_0^\infty \frac{2u^2(\beta_0 - \beta_1)}{k_1^2\left(\beta_0\dfrac{k_1^2}{k_0^2} + \beta_1\right)}\mathrm{e}^{-\beta_0 h+\beta_1 z}J_1(ru)\mathrm{d}u \qquad (1\text{-}51)$$

1.2.2 垂直电偶极子

垂直电偶极子置于大地媒质的上方 h 处，见图 1-3。

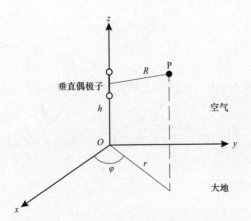

图 1–3　垂直电偶极子和观测点相对位置

在空气中合成场为垂直电偶极子激励的一次场和大地产生的二次场的叠加[2]，即

$$\Pi_{0z} = \Pi_{0p} + \Pi_{1s} \quad z > 0$$

在大地中的合成场为大地产生的二次场，即

$$\Pi_{1z} = \Pi_{1s} \quad z < 0$$

其中

$$\Pi_{0z} = -\frac{\mathrm{j}\omega\mu I\mathrm{d}h}{4\pi k_0^2} \int_0^\infty \left[\frac{u}{\beta_0} \mathrm{e}^{-\beta_0(h-z)} + g_2 \mathrm{e}^{-\beta_0(h+z)} \right] J_0(ru)\mathrm{d}u \quad z \geq 0 \qquad （1\text{-}52）$$

$$\Pi_{1z} = -\frac{\mathrm{j}\omega\mu I\mathrm{d}h}{4\pi k_0^2} \int_0^\infty g_3 \mathrm{e}^{-\beta_0 h + \beta_1 z} J_0(ru)\mathrm{d}u \quad z \leq 0 \qquad （1\text{-}53）$$

媒质交界面场强切向分量相等的边界条件，场强分量 x 为

$$E_{0x} = E_{1x}, H_{0x} = H_{1x}$$

或

$$E_{0y} = E_{1y}, H_{0y} = H_{1y}$$

用 Hertz 电矢量表示为

$$\frac{\partial^2 \Pi_{0z}}{\partial x \partial z} = \frac{\partial^2 \Pi_{1z}}{\partial x \partial z}$$

$$k_0^2 \frac{\partial \Pi_{0z}}{\partial y} = k_1^2 \frac{\partial \Pi_{1z}}{\partial y}$$

也可表示为

$$\frac{\partial \Pi_{0z}}{\partial z} = \frac{\partial \Pi_{1z}}{\partial z} \tag{1-54}$$

$$k_0^2 \Pi_{0z} = k_1^2 \Pi_{1z} \tag{1-55}$$

将式（1-52）和式（1-53）代入上两式中，并省略等式两侧的积分，得

$$g_2 = \frac{u}{\beta_0} \frac{k_1^2 \beta_0 - k_0^2 \beta_1}{k_0^2 \beta_1 + k_1^2 \beta_0} = \frac{u}{\beta_0}\left(1 - \frac{2k_0^2 \beta_1}{k_0^2 \beta_1 + k_1^2 \beta_0}\right)$$

$$g_3 = \frac{2k_0^2 u}{k_0^2 \beta_1 + k_1^2 \beta_0}$$

将此两式代入式（1-52）和式（1-53）中，得

$$\Pi_{0z} = -\frac{j\omega\mu Idh}{4\pi k_0^2}\left[\frac{e^{jk_0 R_1}}{R_1} + \frac{e^{jk_0 R_2}}{R_2} - 2k_0^2 \int_0^\infty \frac{\beta_1 u}{k_0^2 \beta_1 + k_1^2 \beta_0}\frac{e^{-\beta_0(h+z)}}{\beta_0}J_0(ru)du\right] \quad z \geqslant 0 \tag{1-56}$$

$$\Pi_{1z} = -\frac{j\omega\mu Idh}{4\pi k_0^2}\int_0^\infty \frac{2k_0^2 u}{k_0^2 \beta_1 + k_1^2 \beta_0}e^{-\beta_0 h + \beta_1 z}J_0(ru)du \quad z \leqslant 0 \tag{1-57}$$

将式（1-56）代入式（1-26）的第一项中，得在空气媒质中观测点处电场强度的 z 分量为

$$E_{0z} = -\frac{j\omega\mu Idh}{4\pi}\left[\frac{e^{jk_0 R_1}}{R_1} + \frac{e^{jk_0 R_2}}{R_2} - 2k_0^2 \int_0^\infty \frac{\beta_1 u}{k_0^2 \beta_1 + k_1^2 \beta_0}\frac{e^{-\beta_0(h+z)}}{\beta_0}J_0(ru)du\right] \tag{1-58}$$

再将式（1-57）代入式（1-26）的第一项中，得在大地媒质中观测点处电场强度的 z 分量为

$$E_{1z} = -\frac{j\omega\mu Idh}{2\pi}k_0^2 \int_0^\infty \frac{u}{k_0^2 \beta_1 + k_1^2 \beta_0}e^{-\beta_0 h + \beta_1 z}J_0(ru)du \tag{1-59}$$

关于电偶极子电场强度各表达式中的无限积分计算问题，虽有很多解法，但至今对无限积分计算的研究尚未终止[11]，本章以下各节基于具体应用情况求其近似解。

1.3　水平单导线时谐电流激励的电场强度水平分量

架空输电线路导线（或极导线）经中性点与大地构成的导线—大地回路及架

空地线，可用水平单导线等效。当单导线长度小于或大于观测点距离时，单导线长度可视为有限长或无限长。

1.3.1 水平电偶极子电场强度水平分量简化式

现将式（1-48）中的 $\mu = \mu_0$，变为

$$E_{0x} = -\frac{j\omega\mu_0 I dx}{4\pi}\left[\frac{e^{jk_0R_1}}{R_1} - \frac{e^{jk_0R_2}}{R_2} + 2\int_0^\infty \frac{u}{\beta_0 + \beta_1}e^{-\beta_0(z+h)}J_0(ru)du\right] \quad （1-60）$$

式中

$$\frac{u}{\beta_0 + \beta_1} = \frac{u(\beta_0 - \beta_1)}{\beta_0^2 - \beta_1^2} = \frac{u\left(\sqrt{u^2 - k_0^2} - \sqrt{u^2 - k_1^2}\right)}{k_1^2 - k_0^2}$$

代入式（1-60），得

$$E_{0x} = -\frac{j\omega\mu_0 I}{4\pi}\left[\frac{e^{jk_0R_1}}{R_1} - \frac{e^{jk_0R_2}}{R_2} + \frac{2}{k_1^2 - k_0^2}\int_0^\infty u\left(\sqrt{u^2 - k_0^2}\right.\right.$$
$$\left.\left. - \sqrt{u^2 - k_1^2}\right)e^{-\beta_0(z+h)}J_0(ru)du\right]dx \quad （1-61）$$

若对下式进行二项式展开[17]

$$\sqrt{u^2 - k_1^2} = \sqrt{(jk_1)^2 + u^2} = jk_1 - \frac{1}{4jk_1}u^2 + \frac{3u^4}{16(jk_1)^3} - \cdots$$

取第一项负值为

$$\sqrt{u^2 - k_1^2} \approx -jk_1$$

同样有

$$\sqrt{u^2 - k_0^2} \approx -jk_0$$

代入式（1-61）为

$$E_{0x} = -\frac{j\omega\mu_0 I dx}{4\pi}\left[\frac{e^{jk_0R_1}}{R_1} - \frac{e^{jk_0R_2}}{R_2} + j\frac{2}{k_1 + k_0}\int_0^\infty ue^{-\beta_0(z+h)}J_0(ru)du\right]$$

$$= -\frac{j\omega\mu_0 I dx}{4\pi}\left[\frac{e^{jk_0R_1}}{R_1} - \frac{e^{jk_0R_2}}{R_2} - j\frac{2}{k_1 + k_0}\frac{\partial}{\partial(z+h)}\frac{e^{jk_0R_2}}{R_2}\right] \quad （1-62）$$

式（1-62）的偏导数为

$$\frac{\partial}{\partial(z+h)}\frac{e^{jk_0R_2}}{R_2}=\frac{jk_0 e^{jk_0R_2}\sqrt{x^2+y^2+(h+z)^2}}{x^2+y^2+(h+z)^2}-\frac{e^{jk_0R_2}(h+z)}{\left[x^2+y^2+(h+z)^2\right]^{3/2}}$$

代入式（1-62）得

$$E_{0x}=-\frac{j\omega\mu_0 Idx}{4\pi}\left(\frac{e^{jk_0R_1}}{R_1}-\frac{e^{jk_0R_2}}{R_2}-j\frac{2}{k_1+k_0}e^{jk_0R_2}\left\{\frac{jk_0}{\sqrt{x^2+y^2+(h+z)^2}}\right.\right.$$

$$\left.\left.-\frac{h+z}{\left[x^2+y^2+(h+z)^2\right]^{3/2}}\right\}\right)$$

$$=-\frac{j\omega\mu_0 Idx}{4\pi}\left[\frac{e^{jk_0R_1}}{R_1}-\frac{e^{jk_0R_2}}{R_2}-j\frac{2}{k_1+k_0}\frac{e^{jk_0R_2}}{R_2}\left(jk_0-\frac{h+z}{x^2+y^2+(h+z)^2}\right)\right]\quad(1\text{-}63)$$

1.3.2 有限长水平单导线电场强度水平分量

将水平单导线 s 长度分成 n 个 Δx 段，每个 Δx 视为一个水平偶极子，水平单导线电场强度水平分量为 n 个水平偶极子电场强度水平分量的叠加。

由式（1-63）多个叠加得

$$E_{0h}=-\frac{j\omega\mu_0 I}{4\pi}\sum_{n=1}^{n=\infty}\left\{\frac{e^{jk_0R_1}}{R_1}-\frac{e^{jk_0R_2}}{R_2}\right.$$

$$\left.-j\frac{2}{k_1+k_0}\frac{e^{jk_0R_2}}{R_2}\left[jk_0-\frac{h+z}{(n\Delta x)^2+y^2+(h+z)^2}\right]\right\}\Delta x\quad(1\text{-}64)$$

式中

$R_1=\sqrt{(n\Delta x)^2+y^2+(h-z)^2}$；
$R_2=\sqrt{(n\Delta x)^2+y^2+(h+z)^2}$；
n=1，2，3，…。

从图 1-4 可见，当时谐电流相同频率不同时，式（1-64）计算出的电场强度水平分量随横向距离的变化规律。如果增大 n 减小 Δx，曲线波动就会减小。对有限长水平单导线，在计算 $n\Delta x$ 时，依实际需要取值。

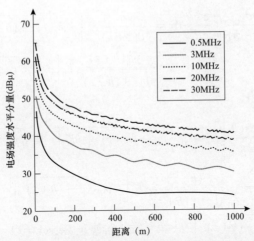

图 1-4　有限长水平单导线电场强度水平分量的横向特性曲线 ❶

1.3.3　无限长水平单导线电场强度水平分量

无限长水平单导线电场强度的水平分量，可为无限个偶极子电场强度垂直分量的叠加，即

$$E_{0h} = \int_{-\infty}^{\infty} E_{0x} dx = 2\int_{0}^{\infty} E_{0x} dx \tag{1-65}$$

将式（1-62）代入式（1-65）得

$$E_{0h} = -\frac{j\omega\mu_0 I}{2\pi}\int_{0}^{\infty}\left[\frac{e^{jk_0 R_1}}{R_1} - \frac{e^{jk_0 R_2}}{R_2} - j\frac{2}{k_1+k_0}\frac{\partial}{\partial(z+h)}\frac{e^{jk_0 R_2}}{R_2}\right]dx \tag{1-66}$$

上式中各无限积分为[13]

$$\int_{0}^{\infty}\frac{e^{jk_0 R_1}}{R_1}dx = K_0\left[-jk_0\sqrt{y^2+(h-z)^2}\right]$$

$$\int_{0}^{\infty}\frac{e^{jk_0 R_2}}{R_2}dx = K_0\left[-jk_0\sqrt{y^2+(h+z)^2}\right]$$

---

❶　图 1-4 ~ 图 1-9 曲线的计算参数：设时谐电流 I=0.234×10⁻³A，导线平均架设高度 h=10m，观测点高度 z=1.5m，铁塔高度 H_t=50m，s=3000m，单导线对地投影与观测点之间距离 r=200m、400m、600m、800m、1000m，频率 f=0.5MHz、3MHz、10MHz、20MHz、30MHz，大地电导率 σ_1=0.1×10⁻³S/m，大地相对介电常数 ε_r=10。

$$-\frac{\partial}{\partial(z+h)}\int_0^\infty \frac{e^{jk_0R_2}}{R_2}\mathrm{d}x = -\frac{\partial}{\partial(z+h)}K_0\left[-jk_0\sqrt{y^2+(h-z)^2}\right]$$

$$=\frac{jk_0(h+z)}{\sqrt{y^2+(h+z)^2}}K_1\left[-jk_0\sqrt{y^2+(h+z)^2}\right]$$

代入式（1-66），得

$$E_{0h}=-\frac{j\omega\mu_0 I}{2\pi}\left\{K_0\left[-jk_0\sqrt{y^2+(h-z)^2}\right]-K_0\left[-jk_0\sqrt{y^2+(h+z)^2}\right]\right.$$

$$\left.+\frac{2k_0}{k_1+k_0}\frac{(h+z)}{\sqrt{y^2+(h+z)^2}}K_1\left[-jk_0\sqrt{y^2+(h+z)^2}\right]\right\}\tag{1-67}$$

式中 $K_1\left[-jk_0\sqrt{y^2+(h+z)^2}\right]$——第 2 类 1 阶修正 Bessel 函数。

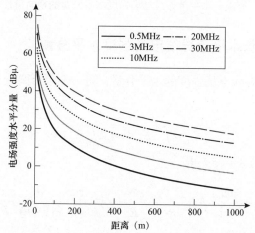

图 1–5　无限长水平单导线电场强度水平分量的横向特性曲线

从图 1-5 可见，当时谐电流相同、频率不同时，式（1-67）计算出的结果及随横向距离的变化规律，电场强度水平分量的横向衰减特性与频率有关。

1.4　水平单导线时谐电流激励的电场强度垂直分量

1.4.1　水平电偶极子电场强度垂直分量简化式

水平电偶极子在空气媒质中观测点的电场强度垂直分量为

$$E_{0z} = -\frac{\mathrm{j}\omega\mu_0 I \mathrm{d}x}{2\pi} \frac{x}{r} \int_0^\infty \frac{\beta_0 - \beta_1}{\beta_0 k_1^2 + \beta_1 k_0^2} u^2 \mathrm{e}^{-\beta_0(h+z)} J_1(ru) \mathrm{d}u \qquad (1\text{-}68)$$

对式（1-68）中 β_1 进行二项式展开，取第一项负值，则

$$\beta_1 = \sqrt{u^2 - k_1^2} \approx -\mathrm{j}k_1$$

并设下式近似成立，即

$$\beta_0 k_1^2 + \beta_1 k_0^2 \approx \beta_0 k_1^2$$

代入式（1-68）变为

$$E_{0z} \approx -\frac{\mathrm{j}\omega\mu_0 I \mathrm{d}x}{2\pi} \frac{x}{r} \int_0^\infty \frac{\beta_0 + \mathrm{j}k_1}{\beta_0 k_1^2} u^2 \mathrm{e}^{-\beta_0(h+z)} J_1(ru) \mathrm{d}u$$

或为

$$E_{0z} \approx -\frac{\mathrm{j}\omega\mu_0 I \mathrm{d}x}{2\pi k_1^2} \frac{x}{r} \int_0^\infty \left(1 + \frac{\mathrm{j}k_1}{\beta_0}\right) u^2 \mathrm{e}^{-\beta_0(h+z)} J_1(ru) \mathrm{d}u \qquad (1\text{-}69)$$

1.4.2 有限长单导线电场强度垂直分量

在水平单导线 x_a 与 x_b 长度段上 x_i 点对应的电场强度垂直分量为

$$E_{0v} \approx -\frac{\mathrm{j}\omega\mu_0 I}{2\pi k_1^2}\left\{\left[\int_{x_a}^{x_i} + \int_{x_i}^{x_b}\right]\left[\frac{x}{r}\int_0^\infty\left(1+\frac{\mathrm{j}k_1}{\beta_0}\right)u^2\mathrm{e}^{-\beta_0(h+z)}J_1(ru)\mathrm{d}u\mathrm{d}x\right]\right\} \qquad (1\text{-}70)$$

求式（1-70）中的有限积分。

在 x_a 与 x_i 长度段，有

$$\int_{x_a}^{x_i} \frac{X}{r} J_1(ru)\mathrm{d}x = \frac{1}{u}\int_{x_a}^{x_i} \frac{(x - x_a)}{\sqrt{(x-x_a)^2 + y^2}} J_1\left[u\sqrt{(x-x_a)^2+y^2}\right]\mathrm{d}\left[u(x-x_a)\right]$$

设

$$u\sqrt{(x-x_a)^2 + y^2} = \tau, \; u^2(x-x_a)^2 + (uy)^2 = \tau^2,$$
$$u(x-x_a) = \sqrt{\tau^2 - (uy)^2},$$
$$\mathrm{d}\left[u(x-x_a)\right] = \frac{\tau\mathrm{d}t}{\sqrt{\tau^2 - (uy)^2}}。$$

积分上下限为

当 $x=x_a$ 时，$\tau = uy$；

当 $x=x_i$ 时，$\tau = u\sqrt{(x_i - x_a)^2 + y^2}$。

用换元积分法，得

$$\int_{x_a}^{x_i} \frac{\sqrt{\tau^2-(uy)^2}}{\tau} J_1(\tau) \frac{\tau}{\sqrt{\tau^2-(uy)^2}} d\tau = \frac{1}{u}\int_{x_a}^{x_i} J_1(\tau)d\tau = \frac{1}{u}\int_{uy}^{u\sqrt{(x_i-x_a)^2+y^2}} J_1(\tau)d\tau$$

因 [17]

$$\int_0^a J_1(x)dx = 1 - J_0(a)$$

得

$$\frac{1}{u}\int_{uy}^{u\sqrt{(x_i-x_a)^2+y^2}} J_1(\tau)d\tau = \frac{1}{u}\left[\int_{uy}^{0} J_1(\tau)d\tau + \int_0^{u\sqrt{(x_i-x_a)^2+y^2}} J_1(\tau)d\tau\right]$$

$$= \frac{1}{u}\left[\int_0^{u\sqrt{(x_i-x_a)^2+y^2}} J_1(\tau)d\tau - \int_0^{uy} J_1(\tau)d\tau\right]$$

$$= \frac{1}{u}\left[1 - J_0(u\sqrt{(x_i-x_a)^2+y^2}) - 1 + J_0(uy)\right]$$

$$= \frac{1}{u}\left[J_0(uy) - J_0(u\sqrt{(x_i-x_a)^2+y^2})\right] \tag{1-71}$$

同样对 x_i 与 x_b 段得

$$\int_{x_i}^{x_b} \frac{x}{r} J_1(ru)dx = \frac{1}{u}\left[J_0(uy) - J_0(u\sqrt{(x_b-x_i)^2+y^2})\right] \tag{1-72}$$

将式（1-71）和式（1-72）代入式（1-70）得

$$E_{0v} \approx -\frac{j\omega\mu_0 I}{2\pi k_1^2}\left\{\int_0^\infty \left(1+\frac{jk_1}{\beta_0}\right)u\left[\begin{array}{c}2J_0(uy) - J_0(u\sqrt{(x_i-x_a)^2+y^2})\\ -J_0(u\sqrt{(x_b-x_i)^2+y^2})\end{array}\right]e^{-\beta_0(h+z)}du\right\}$$

$$\tag{1-73}$$

求式（1-73）中对 u 的无限积分和偏导数得

因

$$\frac{\partial}{\partial(h+z)}\sqrt{y^2+(h+z)^2} = \frac{h+z}{\sqrt{y^2+(h+z)^2}}$$

$$\frac{\partial}{\partial(h+z)}e^{jk_0\sqrt{y^2+(h+z)^2}} = jk_0 e^{jk_0\sqrt{y^2+(h+z)^2}}\frac{h+z}{\sqrt{y^2+(h+z)^2}}$$

$$\frac{\partial}{\partial(h+z)}\frac{e^{jk_0\sqrt{y^2+(h+z)^2}}}{\sqrt{y^2+(h+z)^2}} = \frac{jk_0(h+z)e^{jk_0\sqrt{y^2+(h+z)^2}}}{y^2+(h+z)^2} - \frac{(h+z)e^{jk_0\sqrt{y^2+(h+z)^2}}}{\left[y^2+(h+z)^2\right]^{3/2}}$$

而得

$$
-\frac{\partial}{\partial(h+z)}\int_0^\infty \frac{u}{\sqrt{u^2-k_0^2}}\left[\begin{array}{c}2J_0(uy)-J_0\left(u\sqrt{(x_i-x_a)^2+y^2}\right)\\-J_0\left(u\sqrt{(x_b-x_i)^2+y^2}\right)\end{array}\right]e^{-\sqrt{u^2-k_0^2}\,(h+z)}du
$$

$$
=-\frac{\partial}{\partial(h+z)}\left[2\frac{e^{jk_0\sqrt{y^2+(h+z)^2}}}{\sqrt{y^2+(h+z)^2}}-\frac{e^{jk_0\sqrt{(x_i-x_a)^2+y^2+(h+z)^2}}}{\sqrt{(x_i-x_a)^2+y^2+(h+z)^2}}-\frac{e^{jk_0\sqrt{(x_b-x_i)^2+y^2+(h+z)^2}}}{\sqrt{(x_b-x_i)^2+y^2+(h+z)^2}}\right]
$$

$$
=-2\left[\frac{jk_0(h+z)e^{jk_0\sqrt{y^2+(h+z)^2}}}{y^2+(h+z)^2}+\frac{(h+z)e^{jk_0\sqrt{y^2+(h+z)^2}}}{\left[y^2+(h+z)^2\right]^{3/2}}\right]+\frac{jk_0(h+z)e^{jk_0\sqrt{(x_i-x_a)^2+y^2+(h+z)^2}}}{(x_i-x_a)^2+y^2+(h+z)^2}
$$

$$
+\frac{(h+z)e^{jk_0\sqrt{(x_i-x_a)^2+y^2+(h+z)^2}}}{\left[(x_i-x_a)^2+y^2+(h+z)^2\right]^{3/2}}+\frac{jk_0(h+z)e^{jk_0\sqrt{(x_b-x_i)^2+y^2+(h+z)^2}}}{(x_b-x_i)^2+y^2+(h+z)^2}
$$

$$
+\frac{(h+z)e^{jk_0\sqrt{(x_b-x_i)^2+y^2+(h+z)^2}}}{\left[(x_b-x_i)^2+y^2+(h+z)^2\right]^{3/2}} \tag{1-74}
$$

求式（1-73）对 u 的另一无限积分为

$$
-\int_0^\infty jk_1\frac{u}{\sqrt{u^2-k_0^2}}\left[J_0(uy)-J_0(u(x_i-x_a)^2)\right]e^{-\sqrt{u^2-k_0^2}\,(h+z)}du
$$

又为

$$
-jk_1\int_0^\infty \frac{u}{\sqrt{u^2-k_0^2}}\left[J_0(uy)-J_0(u(x_i-x_a)^2)\right]e^{-\sqrt{u^2-k_0^2}\,(h+z)}du
$$

$$
=-jk_1\left[\frac{e^{jk_0\sqrt{y^2+(h+z)^2}}}{\sqrt{y^2+(h+z)^2}}-\frac{e^{jk_0\sqrt{(x_i-x_a)^2+y^2+(h+z)^2}}}{\sqrt{(x_i-x_a)^2+y^2+(h+z)^2}}\right] \tag{1-75}
$$

同样有

$$
-jk_1\int_0^\infty \frac{u}{\sqrt{u^2-k_0^2}}\left[J_0(uy)-J_0\left(u\sqrt{(x_b-x_i)^2+y^2}\right)\right]e^{-\sqrt{u^2-k_0^2}\,(h+z)}du
$$

$$
=-jk_1\left[\frac{e^{jk_0\sqrt{y^2+(h+z)^2}}}{\sqrt{y^2+(h+z)^2}}-\frac{e^{jk_0\sqrt{(x_b-x_i)^2+y^2+(h+z)^2}}}{\sqrt{(x_b-x_i)^2+y^2+(h+z)^2}}\right] \tag{1-76}
$$

将式（1-74）、式（1-75）和式（1-76）式代入式（1-73），得有限长水平单导线对应任意点 x_i 电场强度垂直分量为

$$E_{0v} \approx -\frac{j\omega\mu_0 I}{2\pi k_1^2}\left\{2\left[\frac{jk_0(h+z)e^{jk_0\sqrt{y^2+(h+z)^2}}}{y^2+(h+z)^2}+\frac{(h+z)e^{jk_0\sqrt{y^2+(h+z)^2}}}{\left[y^2+(h+z)^2\right]^{3/2}}\right]\right.$$

$$-\frac{jk_0(h+z)e^{jk_0\sqrt{(x_i-x_a)^2+y^2+(h+z)^2}}}{(x_i-x_a)^2+y^2+(h+z)^2}-\frac{(h+z)e^{jk_0\sqrt{(x_i-x_a)^2+y^2+(h+z)^2}}}{\left[(x_i-x_a)^2+y^2+(h+z)^2\right]^{3/2}}$$

$$-\frac{jk_0(h+z)e^{jk_0\sqrt{(x_b-x_i)^2+y^2+(h+z)^2}}}{(x_b-x_i)^2+y^2+(h+z)^2}-\frac{(h+z)e^{jk_0\sqrt{(x_b-x_i)^2+y^2+(h+z)^2}}}{\left[(x_b-x_i)^2+y^2+(h+z)^2\right]^{3/2}}$$

$$\left.+jk_1\left[2\frac{e^{jk_0\sqrt{y^2+(h+z)^2}}}{\sqrt{y^2+(h+z)^2}}-\frac{e^{jk_0\sqrt{(x_i-x_a)^2+y^2+(h+z)^2}}}{\sqrt{(x_i-x_a)^2+y^2+(h+z)^2}}-\frac{e^{jk_0\sqrt{(x_b-x_i)^2+y^2+(h+z)^2}}}{\sqrt{(x_b-x_i)^2+y^2+(h+z)^2}}\right]\right\}$$

$$（1\text{-}77）$$

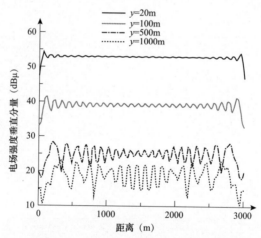

图 1-6　有限长单导线电场强度垂直分量纵向特性变化曲线

（f=3MHz，y=20、100、500、1000m）

从图 1-6 可见，当时谐电流相同、频率不同时，式（1-77）计算出的电场强度垂直分量随纵向距离的变化规律，从电场强度垂直分量的纵向特性看出，横向距离越近纵向特性越平。

当 $x_a=-\dfrac{s}{2}$，$x_b=\dfrac{s}{2}$，$x_i=0$ 时，式（1-77）就为有限长单导线中点横向各点的电场强度垂直分量计算表达式，即

$$E_{0v} \approx \frac{j\omega\mu_0 I}{\pi k_1^2}\left\{\left[\frac{jk_0(h+z)e^{jk_0\sqrt{y^2+(h+z)^2}}}{y^2+(h+z)^2}+\frac{(h+z)e^{jk_0\sqrt{y^2+(h+z)^2}}}{\left[y^2+(h+z)^2\right]^{3/2}}\right]\right.$$

$$-\left[\frac{jk_0(h+z)e^{jk_0\sqrt{\left(\frac{s}{2}\right)^2+y^2+(h+z)^2}}}{\left(\frac{s}{2}\right)^2+y^2+(h+z)^2}+\frac{(h+z)e^{jk_0\sqrt{\left(\frac{s}{2}\right)^2+y^2+(h+z)^2}}}{\left[\left(\frac{s}{2}\right)^2+y^2+(h+z)^2\right]^{3/2}}\right]$$

$$+jk_1\left[\frac{e^{jk_0\sqrt{y^2+(h+z)^2}}}{\sqrt{y^2+(h+z)^2}}-\frac{e^{jk_0\sqrt{\left(\frac{s}{2}\right)^2+y^2+(h+z)^2}}}{\sqrt{\left(\frac{s}{2}\right)^2+y^2+(h+z)^2}}\right]\right\} \tag{1-78}$$

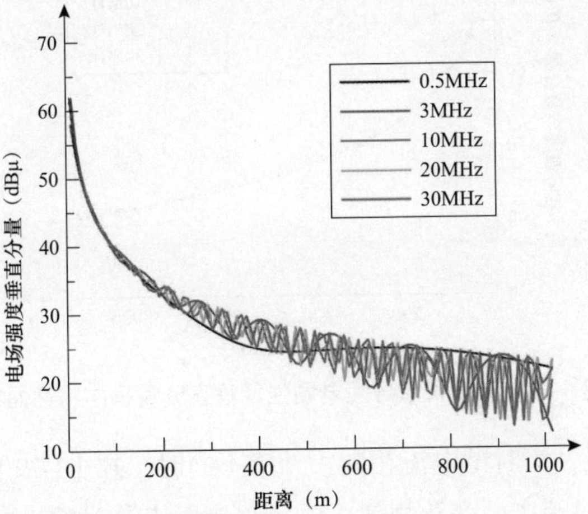

图 1-7　有限长单导线电场强度垂直分量横向特性曲线

从图 1-7 可见，当时谐电流相同、频率不同时，由式（1-78）计算得出的有限长单导线中点电场强度垂直分量随横向距离的变化规律，电场强度垂直分量的横向特性与频率关系不大，横向距离越大、频率越高，电场强度垂直分量波动越大。

1.4.3　无限长水平单导线电场强度垂直分量

当 $x_a = -\infty$，$x_b = \infty$ 时，式（1-78）变为

$$E_{0v} \approx -\frac{j\omega\mu_0 I}{\pi k_1^2}\left[\frac{(h+z)\mathrm{e}^{jk_0\sqrt{y^2+(h+z)^2}}}{\left[y^2+(h+z)^2\right]^{3/2}} + jk_0\frac{(h+z)\mathrm{e}^{jk_0\sqrt{y^2+(h+z)^2}}}{y^2+(h+z)^2} + jk_1\frac{\mathrm{e}^{jk_0\sqrt{y^2+(h+z)^2}}}{\sqrt{y^2+(h+z)^2}}\right]$$

（1-79）

当式（1-79）第二项 $k_0 \to 0$ 时，式（1-79）变为

$$E_{0v} = \frac{j\omega\mu_0 I}{2\pi k_1^2}\left[\frac{(h+z)}{\left[y^2+(h+z)^2\right]^{3/2}} + jk_1\frac{1}{\sqrt{y^2+(h+z)^2}}\right]$$

（1-80）

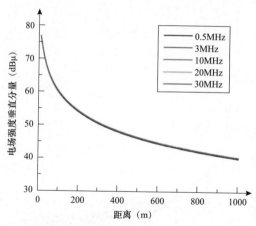

图 1-8　无限长单导线电场强度垂直分量横向特性曲线

从图 1-8 可见，当时谐电流相同、频率不同时，式（1-79）计算出的电场强度垂直分量随横向距离的变化规律，电场强度垂直分量的横向特性与频率关系不大。

1.5　垂直单导线电场强度的垂直分量

垂直偶极子电场强度的垂直分量，即式（1-58）为

$$E_{0z} = -\frac{\mathrm{j}\omega\mu_0 I\mathrm{d}h}{4\pi}\left[\frac{\mathrm{e}^{\mathrm{j}k_0R_1}}{R_1} + \frac{\mathrm{e}^{\mathrm{j}k_0R_2}}{R_2} - 2k_0^2\int_0^\infty\frac{\beta_1 u}{k_0^2\beta_1 + k_1^2\beta_0}\frac{\mathrm{e}^{-\beta_0(h+z)}}{\beta_0}J_0(ru)\mathrm{d}u\right] \quad (1\text{-}81)$$

若取

$$\beta_1 \approx -\mathrm{j}k_1, \quad \beta_0 \approx -\mathrm{j}k_0, \quad \beta_0 k_1^2 + \beta_1 k_0^2 \approx -\mathrm{j}(k_0 k_1^2 + k_1 k_0^2)$$

代入式（1-81）得 [6]

$$E_{0z} \approx -\frac{\mathrm{j}\omega\mu_0 I\mathrm{d}h}{4\pi}\left[\frac{\mathrm{e}^{\mathrm{j}k_0R_1}}{R_1} + \frac{\mathrm{e}^{\mathrm{j}k_0R_2}}{R_2} - 2\frac{k_1 k_0^2}{k_0 k_1^2 + k_1 k_0^2}\int_0^\infty\frac{u}{\beta_0}\mathrm{e}^{-\beta_0(h+z)}J_0(ru)\mathrm{d}u\right]$$

$$= -\frac{\mathrm{j}\omega\mu_0 I\mathrm{d}h}{4\pi}\left[\frac{\mathrm{e}^{\mathrm{j}k_0R_1}}{R_1} + \frac{k_1 - k_0}{k_1 + k_0}\frac{\mathrm{e}^{\mathrm{j}k_0R_2}}{R_2}\right] \quad (1\text{-}82)$$

对于 H_t 高度的垂直单导线电场强度垂直分量为

$$E_{0v} = \int_0^{H_t}E_{0z}\mathrm{d}h = -\frac{\mathrm{j}\omega\mu_0 I}{4\pi}\int_0^{H_t}\left[\frac{\mathrm{e}^{\mathrm{j}k_0R_1}}{R_1} + \frac{k_1 - k_0}{k_1 + k_0}\frac{\mathrm{e}^{\mathrm{j}k_0R_2}}{R_2}\right]\mathrm{d}h \quad (1\text{-}83)$$

将式（1-83）中的两项，表达为 Sommerfeld 积分

$$\frac{\mathrm{e}^{\mathrm{j}k_0R_1}}{R_1} = \int_0^\infty\frac{u}{\sqrt{u^2 - k_0^2}}\mathrm{e}^{-\sqrt{u^2 - k_0^2}(h-z)}J_0(ru)\mathrm{d}u \quad (1\text{-}84)$$

$$\frac{\mathrm{e}^{\mathrm{j}k_0R_2}}{R_2} = \int_0^\infty\frac{u}{\sqrt{u^2 - k_0^2}}\mathrm{e}^{-\sqrt{u^2 - k_0^2}(h+z)}J_0(ru)\mathrm{d}u \quad (1\text{-}85)$$

现求式（1-84）、式（1-85）的积分

$$\int_0^{H_t}\mathrm{e}^{-\sqrt{u^2 - k_0^2}(h-z)}\mathrm{d}h = \mathrm{e}^{\sqrt{u^2 - k_0^2}z}\int_0^{H_t}\mathrm{e}^{-\sqrt{u^2 - k_0^2}h}\mathrm{d}h = -\frac{1}{\sqrt{u^2 - k_0^2}}\left[\mathrm{e}^{-\sqrt{u^2 - k_0^2}(H_t-z)} - \mathrm{e}^{\sqrt{u^2 - k_0^2}z}\right]$$

$$\approx \frac{1}{-\mathrm{j}k_0}\left[\mathrm{e}^{\sqrt{u^2 - k_0^2}z} - \mathrm{e}^{-\sqrt{u^2 - k_0^2}(H_t-z)}\right] \quad (1\text{-}86)$$

同样

$$\int_0^{H_t}\mathrm{e}^{-\sqrt{u^2 - k_0^2}(h+z)}\mathrm{d}h = \frac{1}{\sqrt{u^2 - k_0^2}}\left[\mathrm{e}^{-\sqrt{u^2 - k_0^2}z} - \mathrm{e}^{-\sqrt{u^2 - k_0^2}(H_t+z)}\right]$$

$$\approx \frac{1}{-\mathrm{j}k_0}\left[\mathrm{e}^{-\sqrt{u^2 - k_0^2}z} - \mathrm{e}^{-\sqrt{u^2 - k_0^2}(H_t+z)}\right] \quad (1\text{-}87)$$

将式（1-86）和式（1-87）代入式（1-84）和式（1-85）中

$$\int_0^{H_t} \frac{e^{jk_0R_1}}{R_1}dh \approx \frac{1}{-jk_0}\int_0^\infty \frac{u}{\sqrt{u^2-k_0^2}}\left[e^{\sqrt{u^2-k_0^2}\,z}-e^{-\sqrt{u^2-k_0^2}\,(H_t-z)}\right]J_0(ru)du$$

$$\approx \frac{1}{-jk_0}\left[\frac{e^{jk_0R_0}}{R_0}-\frac{e^{jk_0R_1}}{R_1}\right] \tag{1-88}$$

$$\int_0^{H_t} \frac{e^{jk_0R_2}}{R_2}dh \approx \frac{1}{-jk_0}\int_0^\infty \frac{u}{\sqrt{u^2-k_0^2}}\left[e^{-\sqrt{u^2-k_0^2}\,z}-e^{-\sqrt{u^2-k_0^2}\,(H_t+z)}\right]J_0(ru)du$$

$$\approx \frac{1}{-jk_0}\left[\frac{e^{jk_0R_0}}{R_0}-\frac{e^{jk_0R_2}}{R_2}\right] \tag{1-89}$$

将式（1-88）和式（1-89）代入式（1-83）中

$$E_{0v}=\frac{\omega\mu_0I}{4\pi k_0}\left\{\left[\frac{e^{jk_0R_0}}{R_0}-\frac{e^{jk_0R_1}}{R_1}\right]+\frac{k_1-k_0}{k_1+k_0}\left[\frac{e^{jk_0R_0}}{R_0}-\frac{e^{jk_0R_2}}{R_2}\right]\right\} \tag{1-90}$$

式中 $R_0=\sqrt{x^2+y^2+z^2}=\sqrt{r^2+z^2}$。

从图 1-9 可见，当时谐电流相同频率不同时，式（1-90）计算出的电场强度垂直分量随距离的变化规律，与垂直单导线等距离各点的电场强度垂直分量相等，如同垂直天线一样无方向性[12]。

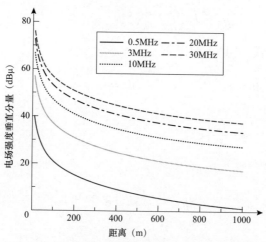

图 1-9　垂直单导线电场强度垂直分量衰减特性

当垂直单导线与观测点的距离较远时，Sunde[3][7] 给出电场强度水平分量和垂直分量的近似关系，即

$$E_{0h} = E_{0v} \frac{k_0}{k_1} \left[1 - \left(\frac{k_0}{k_1} \right)^2 \right]^{1/2} \qquad (1\text{-}91)$$

1.6 中波以下频段（含工频、音频）无限长单导线 电场强度的水平分量

1.6.1 严格计算方法

现对式（1-61）进行无限积分，有

$$E_{0h} = \int_{-\infty}^{\infty} E_{0x} \mathrm{d}x = 2 \int_{0}^{\infty} E_{0x} \mathrm{d}x = -\frac{\mathrm{j}\omega\mu_0 I}{2\pi} \int_{0}^{\infty} \left[\frac{\mathrm{e}^{\mathrm{j}k_0 R_1}}{R_1} - \frac{\mathrm{e}^{\mathrm{j}k_0 R_2}}{R_2} \right.$$

$$\left. + \frac{2}{k_1^2 - k_0^2} \int_{0}^{\infty} u \left(\sqrt{u^2 - k_0^2} - \sqrt{u^2 - k_1^2} \right) \mathrm{e}^{-\beta_0(z+h)} J_0(ru) \mathrm{d}u \right] \mathrm{d}x \qquad (1\text{-}92)$$

因

$$\int_{0}^{\infty} \frac{\mathrm{e}^{\mathrm{j}k_0 R_1}}{R_1} \mathrm{d}x = K_0 \left(-\mathrm{j}k_0 \sqrt{y^2 + (h-z)^2} \right)$$

$$\int_{0}^{\infty} \frac{\mathrm{e}^{\mathrm{j}k_0 R_2}}{R_2} \mathrm{d}x = K_0 \left(-\mathrm{j}k_0 \sqrt{y^2 + (h+z)^2} \right)$$

$$\int_{0}^{\infty} J_0(ru) \mathrm{d}x = \frac{\cos(yu)}{u}$$

代入上式得

$$E_{0h} = -\frac{\mathrm{j}\omega\mu_0 I}{2\pi} \left[K_0 \left(-\mathrm{j}k_0 \sqrt{y^2 + (h-z)^2} \right) - K_0 \left(-\mathrm{j}k_0 \sqrt{y^2 + (h+z)^2} \right) \right.$$

$$\left. + \frac{2}{k_1^2 - k_0^2} \int_{0}^{\infty} \left(\sqrt{u^2 - k_0^2} - \sqrt{u^2 - k_1^2} \right) \mathrm{e}^{-\beta_0(z+h)} \cos(yu) \mathrm{d}u \right] \qquad (1\text{-}93)$$

式中　$K_0 \left[-\mathrm{j}k_0 \sqrt{y^2 + (h \pm z)^2} \right]$——第 2 类 0 阶修正 Bessel 函数。

如 $\beta_0 = \sqrt{u^2 - k_0^2} \approx u$，式（1-93）中第三项的积分为

$$\int_0^\infty \sqrt{u^2 - k_0^2}\, e^{-\beta_0(z+h)} \cos(yu)\mathrm{d}u \approx \int_0^\infty u e^{-u(z+h)} \cos(yu)\mathrm{d}u$$

由于 [8]

$$\int_0^\infty u e^{-u(z+h)} \cos(yu)\mathrm{d}u = \frac{(z+h)^2 - y^2}{\left[(z+h)^2 + y^2\right]^2}$$

同样 $\beta_0 = \sqrt{u^2 - k_0^2} \approx u$，第四项的无限积分为

$$-\int_0^\infty \sqrt{u^2 - k_1^2}\, e^{-u(z+h)} \cos(yu)\mathrm{d}u = -\frac{1}{2}\int_0^\infty \sqrt{u^2 - k_1^2}\, e^{-u(z+h)} (e^{jyu} + e^{-jyu})\mathrm{d}u$$

$$= -\frac{1}{2}\left[\int_0^\infty \sqrt{u^2 - k_1^2}\, e^{-u(z+h-jy)}\mathrm{d}u + \int_0^\infty \sqrt{u^2 - k_1^2}\, e^{-u(z+h+jy)}\mathrm{d}u\right]$$

依 Watson 积分 [13][14]

$$\int_0^\infty (\tau^2 + \alpha^2)^{n-\frac{1}{2}} e^{-\beta\tau}\mathrm{d}\tau = 2^{n-1}\left(\frac{\alpha}{\beta}\right)^n \Gamma\left(n+\frac{1}{2}\right)\Gamma\left(\frac{1}{2}\right)\left[S_n(\alpha\beta) - Y_n(\alpha\beta)\right]$$

式中 $\Gamma\left(n+\dfrac{1}{2}\right)$、$\Gamma\left(\dfrac{1}{2}\right)$——Gamma 函数；

$\qquad S_n(\alpha\beta)$——n 阶 Struve 函数；

$\qquad Y_n(\alpha\beta)$——第 2 类 n 阶 Bessel（或 Neumann）函数。

当 $n=1$ 时，上式为

$$\int_0^\infty (\tau^2 + \alpha^2)^{\frac{1}{2}} e^{-\beta\tau}\mathrm{d}\tau = \frac{\pi}{2}\frac{\alpha}{\beta}\left[S_1(\alpha\beta) - Y_1(\alpha\beta)\right]$$

此时 $\tau = u$，$\alpha^2 = -k_1^2$，$\alpha = \pm jk_1$（取 $-jk_1$），$\beta = z + h \pm jy$，则得

$$-\frac{-jk_1}{k_1^2 - k_0^2}\frac{\pi}{2}\left(\left(\frac{1}{z+h-jy}\right)\left\{S_1\left[-jk_1(z+h-jy)\right] - Y_1\left[-jk_1(z+h-jy)\right]\right\}\right.$$

$$\left.+\frac{1}{z+h+jy}\left\{S_1\left[-jk_1(z+h+jy)\right] - Y_1\left[-jk_1(z+h+jy)\right]\right\}\right)$$

最后得

$$E_{0h} = -\frac{j\omega\mu_0 I}{2\pi}\left(K_0\left[-jk_0\sqrt{y^2 + (h-z)^2}\right] - K_0\left[-jk_0\sqrt{y^2 + (h+z)^2}\right]\right.$$

$$+\frac{2}{k_1^2 - k_0^2}\frac{(z+h)^2 - y^2}{\left[(z+h)^2 + y^2\right]^2}$$

$$+ j\frac{k_1}{k_1^2 - k_0^2}\frac{\pi}{2}\frac{1}{z+h-jy}\{S_1[-jk_1(z+h-jy)] - Y_1[-jk_1(z+h-jy)]\}$$

$$+\mathrm{j}\frac{k_1}{k_1^2-k_0^2}\frac{\pi}{2}\frac{1}{z+h+\mathrm{j}y}\{S_1[-\mathrm{j}k_1(z+h+\mathrm{j}y)]-Y_1[-\mathrm{j}k_1(z+h+\mathrm{j}y)]\}\Bigg) \qquad (1\text{-}94)$$

式（1-94）与 Ward 著 1971 版《地球物理用电磁理论》[6] 给出的结果基本一致。

当 $k_0 \to 0$ 时，式（1-94）简化为 [5]

$$E_{0\mathrm{h}}=-\frac{\mathrm{j}\omega\mu_0 I}{4\pi}\Bigg(2\ln\sqrt{\frac{x^2+(h+z)^2}{x^2+(h-z)^2}}-\frac{4}{k_1^2}\frac{y^2+(z+h)^2}{[(z+h)^2+y^2]^2}$$

$$+\frac{\mathrm{j}\pi}{k_1}\frac{1}{z+h-\mathrm{j}y}\{S_1[-\mathrm{j}k_1(z+h-\mathrm{j}y)]-Y_1[-\mathrm{j}k_1(z+h-\mathrm{j}y)]\}$$

$$+\frac{\mathrm{j}\pi}{k_1}\frac{1}{z+h+\mathrm{j}y}\{S_1[-\mathrm{j}k_1(z+h+\mathrm{j}y)]-Y_1[-\mathrm{j}k_1(z+h+\mathrm{j}y)]\}\Bigg) \qquad (1\text{-}95)$$

式中　k_1——大地媒质传播常数，1/m，$k_1 \approx \mathrm{j}\sqrt{\mathrm{j}\omega\mu_0\sigma_1}$。

式（1-95）与 CCITT 1963 版《防护导则》[5] 给出的结果一致。

1.6.2　简化计算方法

Pollaczek[18]、Carson[19]、Haberland[20] 都给出电场强度水平分量的近似计算公式，其中 Haberland 的近似计算公式为 [4]

$$E_{0\mathrm{h}}=-\mathrm{j}\omega I\ln\left(1+\frac{6\times10^5}{p^2 d}\right)10^{-7}(\mathrm{V}/\mathrm{m}) \qquad (1\text{-}96)$$

$$p=\sqrt{\sigma f}$$

式中　f——频率，Hz；

　　　σ——大地电导率，S/m；

　　　d——单导线与观测点距离，m，$d=\sqrt{y^2+(h-z)^2}$。

综上所述，基于 Sommerfeld 电偶极子电磁场理论，所求得的有限长、无限长单导线时谐电流激励的电场强度水平分量和垂直分量近似计算公式，主要适用于中短波段。在 1.6 节介绍了水平单导线的电场强度水平分量适合工频、音频和长波段计算，详见有关参考文献 [9][10]。用矩量法计算地线系统各铁塔感应电流的综合电场强度和空间谱估计示向度误差见第 3 章。电晕无线电干扰场强计算见第 4 章。

空中水平极化电磁波在输电线路地线上感应电流激励的再次辐射场，可用水平单导线时谐电流激励的电磁场等效，感应电流在各档距"导线—铁塔—大地"

构成的链型回路中流动。在已知空中电磁波电场强度的情况下，求出各档距地线上的感应电动势，地线系统视为高频集中参数构成的链型网络，可用差分法、二端口网络等方法求出地线上的感应电流，再用本章推导的有关公式计算出各档地线上感应电流激励的电场强度水平、垂直分量，相同极化分量叠加后即为所求的该分量的综合电场强度。

空中垂直极化电磁波在输电线路铁塔上感应电流激励的再次辐射场，可用垂直单导线时谐电流激励的电磁场等效，感应电流在地线系统各档形成的链型回路中流动，同样可求得各铁塔感应电流及其激励的再辐射场垂直分量的综合电场强度。

本章参考文献

[1] Stratton, J. A. *Electromagnetic theory*. New York and London: McGraw-Hill Book Company, 1941.

[2] Sommerfeld A. *Partial differential equations in physics*. New York: Academic Press Inc., 1949.

[3] Sunde E. D. *Earth conduction effects in transmission systems*. D. Van Nostrand Company, Inc., New York, 1949.

[4] Klewe H. R. J.. *Interference between Power Systems and Telecommunication lines*, London Edward Arnold (publishers) LTD, 1958.

[5] CCITT, *Directives Concerning the Protection of Telecommunication Lines against Harmful Effects from Electricity Lines*, 1963.

[6] 新疆工学院电磁法科研组 . 地球物理用电磁理论 . 北京：地质出版社，1978.

[7] CCITT, Recommendation K. 18, *Calculation of Voltage Induced into Telecommunication Lines from Radio Station Broadcasts and Methods of Reducing Interference*, Melbourne, 1988.

[8] CCITT, *Directives Concerning the Protection of Telecommunication Lines against Harmful Effects from Electric Power and Electrified Railway Lines*, ITU, 2005.

[9] 庞廷智 , 崔鼎新 , 孙鼎 , 等 . 电力线路对电信线路的影响和保护 . 北京：水利电力出版社 . 1986.

[10] 张文亮 . 崔鼎新 . 交流输电线路与电信线路的电磁耦合 . 北京 : 中国电力出版社 , 2013.

[11] 龚中麟 . 近代电磁理论 . 北京 : 北京大学出版社 , 2010.

[12] Kraus J.D., *Marhefka R.J.Antennas: For All Applications, Third Edition*. [章文勋 , 译 . 天线 (第三版). 北京 : 电子工业出版社 , 2006]

[13] Watson G. N.. *A Treatise on the theory of Bessel functions*, Cambrige at the University press, 1952.

[14] Као Ю-Кан. *Некоторые применения Бесслевый функций В технике Эащиты линий свяэи. Электросвяэь*, 1959, 11: 50-57.

[15] Batemen H, Erdelyi A. *Higher Transcendental Functions*. New Volume 2 York Toronto London 1953.

[16] 王竹溪 , 郭敦仁 . 特殊函数概论 . 北京 : 科学出版社 , 1979.

[17] 金玉明 . 实用积分表 . 北京 : 中国科学技术大学出版社 , 2006.

[18] Pollaczek F. *Über das feld einer unendlich langen Wechselstrom durchflossenen Einfachleitung*. Elektrische Nachrichtentechnik, 1926, (3): 339-395.

[19] Carson J. R. *Wave Propagation in Overhead Wires with Ground Return*. Bell System Technical Journal, 1926(5): 539-554.

[20] Haberland G. *Theorie der leitung von Wechselstrom durch die Erde*[J]. Elektrische Nachrichtentechnik., 1927(48): 456-460.

[21] Pollaczek F. *Gegenseitige Induktion Zwischen Wechselstrom-freileitungen von endlicher äge*, Annalen der physik Ⅳ Folge Band 87 1928..

[22] Foster R.M. *Mutual Impedance of Grounded Wires lying on the Surface of the Surface of the Earth*. BSTJ, 10, July. 1931

[23] Radley W. G., Josephs H.J.*Mutual Impedance of Circuits with Return in a Horizontally Stratified Earth*. J.I.E.E., 80, I/1937, 99-103.

[24] Lacey L.J. *The Mutual Impedance of Earth Return Circuits*. P. I. E. E. Vol.99, 4th part 1952.

2 架空输电线路对无线电测向系统的电磁影响及其评估

无线电测向是指利用电磁波在空气中沿直线（直射或反射）传播的特性，使用特定的测量设备（即无线电测向系统）来确定无线电波来波方向的过程。无线电测向定位通常是指以分布在若干个不同站点的无线电测向系统［即无线电测向台（站）］组成无线电测向网，同步测量同一辐射源辐射的无线电波，通过交叉定位等方式来确定辐射源的地理位置。无线电测向定位被广泛应用于军事信息作战、导航、无线电频谱管理等领域。短波无线电波（频率为 3M ~ 30MHz，频率低端通常向下扩展到 1.5MHz）主要是靠电离层反射来实现远距离传播的，短波无线电通信具有通信范围广、使用方便、组网灵活、抗毁性强等特点，是远程通信的主要手段。由于电离层的高度和密度受昼夜、季节、气候等因素影响随机变化，短波信号传播衰落通常较大。加之短波信道拥挤（信号密度大）、干扰严重，信号捕获、测向定位难度也随之增大。而短波无线电测向系统灵敏度高、动态范围大，易受周边非理想电磁环境的影响且难以消除。虽然测向算法及信号处理技术不断发展，测向系统指标越来越高、抗干扰能力越来越强，但已经广泛应用宽带（甚至是短波全频段）测向、自动处理系统特别是对低截获概率(LPI)一类信号测向时，对信号环境的要求更高。因此，对短波无线电测向台（站）（以下简称短波测向台）的电磁环境保护尤为重要。

2.1 无线电测向基本原理

无线电测向由德国人布朗创始于 1899 年。他利用垂直环形天线的 "8" 字形方向特性，研制了旋转环测向机。1907 年 E. 贝利尼和 A. 托西设计了角度计，与固定正交天线相结合，构成测向系统。之后，J. 泽尼克把全向天线引入测向系统，实现了对来波方向的单向测定。1918 年 F. 阿德考克发明了消除极化误差的天线系统，把无线电测向的距离扩展到了电离层反射波区。1924 年沃特森·瓦特发明了双波道测向体制，提高了测向系统的响应速度和抗干扰能力。此后，为了提高测向定位的精度，陆续出现了乌兰韦伯测向、多普勒测向、干涉仪测向、空间谱估计测向等方法。测向的工作频段也由长波、中波、短波，扩展到了超短波和微波。与此同时，有关无线电测向的理论也得到了很大的发展，使得无线电测向逐渐发展成为无线电科学中的一个分支学科。

无线电测向技术体制按其测向原理的不同，可分为幅度测向（又称比幅测向）、相位测向（又称比相测向）、幅度相位测向、到达时间差测向（也称为时差测向）、矢量测向等方法。例如，传统的乌兰韦伯等利用天线阵的方向图确定来波方向是最典型的幅度测向方法；干涉仪测向通过直接或间接测量分布在空间不同位置的天线感应信号之间的相位差并求解来波的入射方位角和仰角，是典型的相位测向方法；到达时间差测向是通过测量无线电波到达多根位置已知天线的时间差，计算出辐射源方位的测向方式；多普勒等相位敏感型测向系统通常被认为是属于幅度相位测向方法，空间谱估计测向则属于矢量测向方法。

无线电测向定位除了前面所介绍的多站测向交叉定位方法以外，还有单站定位和时差定位等方法。单站定位（SSL）利用短波通信主要是利用电离层反射来实现远距离传播的特点，运用干涉仪测向、多普勒测向、空间谱估计等测向体制，测得电波来向的方位角的同时还可测得其入射仰角，在获得足够精度的电波反射点电离层高度的情况下，就可算出该辐射源离短波测向台的地球表面大圆距离，与方位角一起确定该辐射源或发射台所处的位置。时差定位法（TDOA 定位，又称为双曲线定位）是利用无线电波到两个定点的时间差与光速之积为定值的点在双曲线上的原理，它通常由三个或者三个以上的测量站点构成，通过处理各站所获信号到达时间数据实现对辐射源目标的定位。在二维平面中，一组时差信息确定了一个以相应两个站为焦点的双曲线，因此三个站便可以得到两组时差信息，两组双曲线的交点即为辐射源位置。如果有虚假定位点出现，则可利用一个额外的测向信息排除便可得到辐射源真实位置。若在三维空间中对辐射源进行定位则需要四个站点所获得的时间信息，每组时差信息确定了一组双曲面，三组双曲面的交点便为辐射源位置。时差定位技术主要应用于对雷达等脉冲信号的无源定位与跟踪，如俄罗斯"铠甲"、捷克的"维拉 E"无源相干雷达等。

2.1.1 乌兰韦伯测向

乌兰韦伯测向是采用均匀分布在圆周上的垂直极化天线圆阵，将各个天线元用高频电缆连接到位于中心位置的角度计（使固定天线阵等效形成旋转方向图的设备）上，通过人工或机械旋转角度计，来选择指定扇区相邻的多个天线元经移相器等效成两个直线阵，再通过转换开关进行"和""差"处理，使接收机输出端得到最大信号或最小信号，通过听觉的大音点、小音点以及视觉进行取向来确定辐射源方向的无线电测向方法。乌兰韦伯测向天线阵的孔径（也称之为基础）取决于最低工作频率，一般取其大于波长的 1 ~ 2 倍（即大基础测向），相邻天线元的间距取决于最高工作频率，一般小于其波长的 0.5 倍。为消除反向辐射而设置的圆形反射网距天线阵元的距离也取决于最高工作频率，一般取其波长的 1/4。为了进一步拓展频率覆盖范围，乌兰韦伯测向天线圆阵的设计通常采用内外圈布置的多圈天线布设。乌兰韦伯测向方法因其灵敏度高、示向稳定、测向距离远以及人工听觉测向抗干扰性好、取向精度高等特点，广泛应用于短波大型固定测向台站。图 2-1 是国外某短波测向天线阵场地照片 ❶。

图 2-1　乌兰韦伯测向天线阵

2.1.2 沃特森·瓦特测向

2.1.2.1　沃特森·瓦特测向原理

沃特森·瓦特测向是利用幅度、相位特性一致的双通道接收机接收并线性放大两正交天线的方位电压，加载到阴极射线管的水平和垂直偏转板上作李沙育图形进行显示取向，以完成对入射电波方位角测定的一种测向方法，由英国工程师

---

❶　照片来自美国 TCI 公司短波测向天线产品介绍。

沃特森·瓦特在 1926 年发明。

沃特森·瓦特测向系统两副正交天线产生的信号电压相位相同，经幅度相位特性一致的双波道接收机放大，分别送到阴极射线管的水平偏转板和垂直偏转板上，其振幅分别与入射波方位角 α 的正弦和余弦成比例。在理想情况下阴极射线管中得到了一条线直线，其与垂线的夹角 θ 与来波入射角 α 相对应

$$\theta = \tan^{-1}\frac{KA\sin\alpha}{KA\cos\alpha} = \alpha \qquad (2\text{-}1)$$

式中　K——双通道接收机的增益；

　　　A——阴极射线管的偏转系数。

此时得到的方位角还不是惟一的，而是同时指向 α、α+180° 两个方向。当接收通带内同时出现两个以上相干波测向时，显示图形为椭圆，椭圆长轴指向为强信号近似方向，此时带有电波干涉误差。

改进的沃特森·瓦特测向系统增加了第三个接收机波道，用来接收全向天线的同相位电压进行亮度消隐，即可得到唯一确定的方位角，如图 2-2 所示。

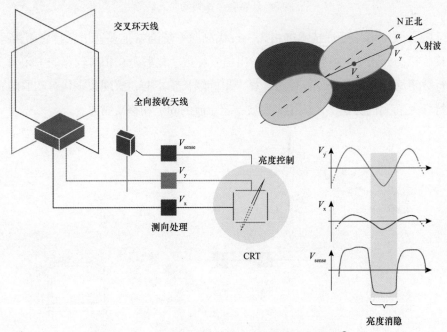

图 2-2　三通道沃特森·瓦特测向原理示意图 ❶

❶　图 2-2 及图 2-3、图 2-4、图 2-5、图 2-7 均选自 R&S 公司的 Radiomonitoring & Radiolocation Catalog 2016。

2.1.2.2　沃特森·瓦特测向实现

现代的沃特森·瓦特测向天线多采用 H 形和 U 形阿德考克（Adcock）天线（如图 2-3 所示）。与交叉环天线相比，Adcock 天线具有以下优点：①改进了对天波信号的接收的容错能力；②可以实现更大的天线阵孔径，以减少多径接收的测向误差。

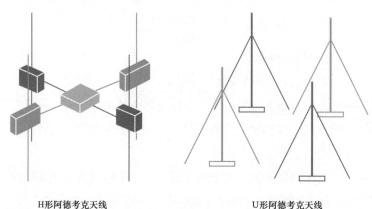

H形阿德考克天线　　　　　　　　　　　　U形阿德考克天线

图 2-3　沃特森·瓦特测向天线

随着数字信号处理技术的引入，现代测向系统通常把多通道沃特森·瓦特测向接收机（如图 2-4 所示）的中频输出信号经数字化后，在相对较宽的中频频段进行数字滤波和相关处理，通过计算求出椭圆长轴指向，实现数字化自动取向。沃特森·瓦特测向方法广泛应用于短波、超短波的固定和移动测向。

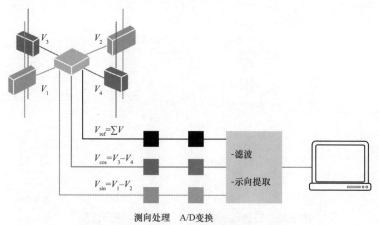

测向处理　A/D变换

图 2-4　沃特森·瓦特测向系统示意图

2.1.3　干涉仪测向

干涉仪测向是通过测量电磁波在固定天线阵上所产生的相位差计算来波方向的测向方法。通常干涉仪测向采用至少三个相同的全向接收天线单元，组成固定基线长度的正交天线对（如图 2-5 所示）。当天线元基线长度与来波波长的比值小于 0.5 时（小基线干涉仪测向），得到单值示向度，方位角和仰角才有可能确定；该比值大于 0.5 时，就会出现示向度的多值。当天线元基线长度为数个或数十个波长（大基线干涉仪测向）时，可以获得很高的测向分辨率。以 φ_1、φ_2、φ_3 为在天线单元输出处测量的相位，计算出方位角为

$$\alpha = \arctan \frac{\varphi_2 - \varphi_1}{\varphi_3 - \varphi_1} \tag{2-2}$$

得到的入射仰角为

$$\varepsilon = \arccos \frac{\sqrt{(\varphi_2 - \varphi_1)^2 + (\varphi_3 - \varphi_1)^2}}{2\pi\alpha/\lambda} \tag{2-3}$$

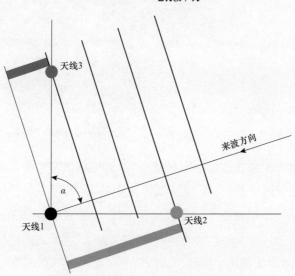

图 2-5　三阵元干涉仪测向原理示意图

应用频段较宽的干涉仪测向系统多采用随工作频段更换天线基线的办法，即使用多基线干涉仪天线阵。在实践中，经常使用的天线安排包括正交三角形和圆形阵列（如图 2-6 所示）。正交三角阵型是沿 X 轴和 Y 轴对应架设 9 个天线阵元

输电线路与无线电台（站）的电磁影响

（0~8），使用两个4选1切换开关来进行同步转换，分别以小基线和大基线模式对目标测向，在大基线测向所取的若干个数据中，选出与小基线示向重合或相近的值作为测向结果。该配置通常限制在30 MHz以下的频率。在较高的频率下，圆形阵列是首选的，原因如下：

（1）它们确保在天线单元之间实现相同的辐射耦合。

（2）确保了天线杆的最小耦合。

（3）由于阵元中心对称性，天线位置与方向无关。

由于干涉仪测向系统不仅能以很高的精度测出来波方位角，还能测出入射仰角，可实现单站定位。

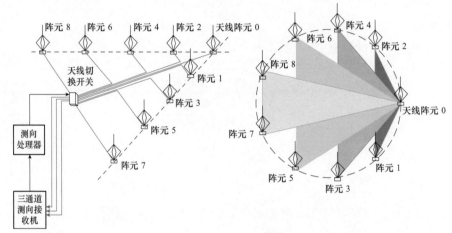

图 2-6　多阵元正交三角形和圆形干涉仪天线阵构成增强三天线配置示意图

必须避免示向模糊，这是由于只有在 ±180° 范围内才能对相位进行明确的测量。如前所述，这一条件在三元天线阵（小基线/孔径）干涉仪的情况，将天线阵元之间的间距限制在最小工作波长的1/2。如果采用多元阵干涉仪，就有了降低可能性：使用"等间距"天线阵列，则相邻天线阵元之间的相位差总是小于180°；避免示向模糊使用"稀疏"天线阵列：至少一对相邻阵元之间的相位差大于180°。现在，为消除天线阵的这种模糊性通常做法是是将所有天线阵元的信号同时输出到一个模式比较器中进行相关对比，即为相关干涉仪测向。

相关干涉仪的基本原理是将测量到的相位差与在已知配置的测向天线系统测向已知入射角的电波下得到的相位差进行比较。比较是通过计算二次误差或两个数据集的相关系数来进行的。如果对基准的不同方位值作了比较，则当相关系数处于最大值时，从中便可获得来波的入射角。

以如图 2-7 所示的五元天线的例子来说明。图中下层 5×12 数据矩阵的每一列对应一个来波入射角 α，并形成一个参考矩阵。参考矩阵中的每个元素表示该来波入射角在天线阵各阵元之间的期望相位差。上层的数据矩阵包含实际测量的相位差（测量矢量）。

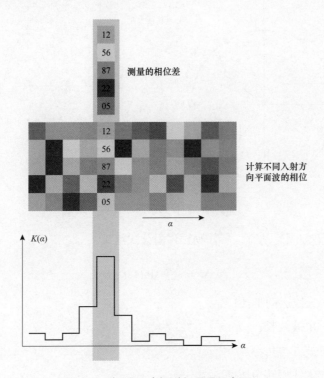

图 2-7　相关干涉仪测向原理示意图

为了确定未知的来波入射角，将参考矩阵的每一列都与测量矢量逐个元素进行相关处理，这一处理过程产生了一个相关函数 $K(\alpha)$，在参考矢量与测量矢量的最佳重合点达到最大值。而那个参考矢量所表示的角度是所需的来波入射角。

2.1.4　多普勒测向

多普勒测向是运用天线与电波传播方向的相对运动所产生的信号频率变化即多普勒效应来测定无线电来波方向的测向方式。

如果天线单元在半径为 R 的圆上旋转，由于多普勒效应，接收信号与天线的旋转频率 Ω 进行调制。当天线沿圆周运动方向与电波入射方向一致时，天线输出信号频率将低于来波原有频率，反之则高于原有频率；当二者方向垂直时，频率没有变化，以天线所对应的角度来确定来波方向（如图2-8所示）。多普勒测向是依据多普勒为零时进行测向的。

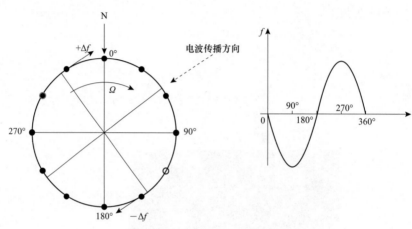

图 2-8　多普勒测向原理示意图

当天线沿圆周运动时，多普勒频移由公式给出：

$$\Delta f = \frac{2\pi r}{\lambda}\sin(\Omega t - \theta) \tag{2-4}$$

式中　r——天线运动半径；

　　　λ——电波波长；

　　　θ——波方位角；

　　　Ω——天线旋转角速度。

实用的测向系统通常把许多根天线元排列成圆形天线阵，用电子开关顺序接通各个天线元，以此来模拟沿圆周旋转的天线。将天线阵输出的多谱勒频移调相的射频信号，经接收机放大处理检测出多普勒频移的包络电压，将包络电压与方位角参考电压进行相位比较，显示出来波方位角。改进的多普勒测向系统采用双波道补偿法进行测向，用一个通道接收多普勒天线阵的信号，另一个通道接收无多普勒频移的原信号，两个波道输出相减后消除原信号。用与天线旋转周期同步的窄带滤波器实现匹配波，显著改善了多普勒测向系统的灵敏度和准确性。多普勒测向广泛应用短波、超短波频段的信号侦察、导航和无线电频谱管理等领域。

2.1.5 到达时间差测向

根据电波传播特性，当在距辐射源远大于一个波长的某个小区域（区域的尺寸远小于其辐射距离）观测电磁波时，则电磁波呈现为其波前（面）上各点的电场和磁场幅度和相位相同的平面波。电场和磁场矢量只存在于与传播方向垂直的平面上，且距辐射源不同距离的波前相互平行，波前距离等于电波从辐射源传播到不同波前的距离差。到达时间差测向（简称时差测向）就是在这种条件下，运用两个以上处于不同位置的天线阵元，对无线电波进行到达时间测量，利用电波到达各天线阵元的时间差求出无线电来波方向的测向方式。

时差测向原理示意如图 2-9 所示，垂直假设天线阵元 A、B 相距 $2b$，来波方向与 A、B 连线的垂线的夹角为 θ，来波仰角为 β。若在天线阵元 A 上的感应电动势为 $E(t)$、在天线阵元 B 上的感应电动势为 $E(t-\tau)$，天线阵元 B 上的相对天线阵元 A 的时延 τ 为

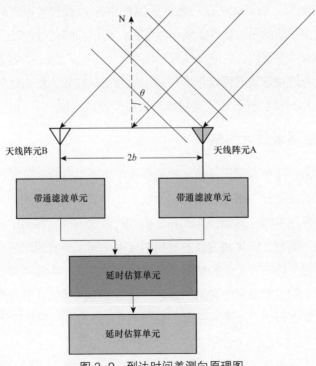

图 2-9　到达时间差测向原理图

$$\tau = \left(\frac{2b}{v}\right)\sin\theta\cos\beta \qquad (2\text{-}5)$$

当已知两天线阵元间距 $2b$ 和来波仰角，则来波方位角 θ 可求出

$$\theta = \arcsin\left(\frac{v\tau}{2b}\right)\cos\beta \qquad (2\text{-}6)$$

其中 v 为电波传播速度，它近似等于光速（m/s）。

当来波仰角未知时，应使用双基线时差测向系统，如两组天线阵正交架设，则两组天线上的感应电动势分别对应于$\sin\theta\cos\beta$、$\cos\theta\cos\beta$成正比，就可以解出来波方位角 θ。时差测向系统是将两组天线上接收到的感应电动势分别送入一个带通滤波器后再进入时延估计单元求出时间差，然后输入到示向处理单元计算出示向度。

近年来时差测向技术有了长足进展。KiwiSDR 网站发布了调用分布在世界各地的公共 KiwiSDR 软件无线电（SDR）接收机，采用 TDOA 测向技术通过测量分布在一定距离内的多个接收机之间接收信号的时间差，来确定短波发射机的地理位置的工作情况。KiwiSDR 是一款基于 Web 共享、授权者可以通过互联网上的浏览器调用全频段的短波软件无线电接收机，利用 GPS 在全球范围内精确同步每台接收机的时钟并提供自身准确位置等信息。因短波天波信号经过电离层跳跃、反射和折射信号跳动导致时延难以准确确定信号源的位置。KiwiSDR 网站建议选择电台附近的 KiwiSDR 接收机，通过地波来进行测向定位。

2.1.6　空间谱估计测向

在实际测向工作中，测向系统经常是在多个电波同时存在的情况下进行测向的。多波场中的波可分为相干波和非相干波。相干波是指两个波的频率相等、调制方式相同而相位不同，其极化方式和传播方向可能不同。非相干波是指两个波的频率不相等，调制、极化和传播方向相同或不相同。多波测向是能同时测定多个相干波和非相干波的方位角和仰角等参数的测向方式。多波测向方式通常有采用波束形成技术的多波束测向和采用谱估计技术的空间谱估计测向两类。由于空间谱估计测向方法的空间分辨率很高，因此又称高分辨率测向或超分辨率测向。

2.1.6.1　基本概念
空间谱估计测向基本思路是采用多个已知坐标的天线元，**探测空间的多波场，**

经过多波道接收机和 A/D 变换，转换为数字式阵列信号，送入空间谱估计器（计算机），运用确定的算法求出各个波的方位角、仰角、极化角及振幅等参数。

20 世纪 80 年代后期，谱估计理论和阵列信号处理技术有较大发展，同时，大容量高速计算机、数字信号处理器，以及幅相特性好的多信道接收机相继出现，推动了空间谱估计测向系统的发展。在 2000 年以后，国内外已经有多家研究机构和厂商研制出实用的短波空间谱估计测向系统。

2.1.6.2　空间谱估计测向分类

空间谱估计测向按照处理方法可分为线性谱估计法和非线性谱估计法两类。

（1）线性谱估计法。

传统谱估计法主要是对数据序列进行线性运算，因此称为线性谱估计法，这类算法在运算中引入了与数据无关的窗函数或周期性，从而产生了分辨率不高的缺点。比较典型的是频率—波数功率谱法。

频率—波数功率谱法是以天线阵列坐标原点作为相位参考点，以阵元位置矢量为变量，对天线阵列信号进行傅里叶变换，可得到波在空间各方向的功率分布状况，即阵列信号中所包含的各个波的频率、振幅和相位等参数。在数学上，对阵列信号的傅里叶变换等效于波束形成运算。在形成的波束中既有主波束，也包含有多个副波束。主波束在空间的方向就是来波的方位角。方位角的分辨率取决于主波束的宽度，而主波束的宽度与天线阵列孔径的大小成反比。孔径越大波束越窄。当空间只有一个波时，很容易根据幅度区分主波束和副波束。如果有两个以上的波时，多个主、副波束叠加在一起，不但难以分辨，还因为峰值位移产生测向方位角的误差。用窗函数进行加权可以抑制副波束，但会使得主波束宽度变宽，方位角的分辨率就会下降。

（2）非线性谱估计法。

现代谱估计法又称非线性谱估计法，它不像线性谱估计那样，对数据序列直接作线性处理获取谱估计值，而是利用一些先验信息（或假设），制定准确的或非常接近准确的数学模型，根据数学模型的特征参数获得谱估计值。由于这类方法分辨率显著提高，亦称高分辨率谱估计。通常有最大似然法谱估计法、最大熵谱估计法和矩阵特征结构分析法。

1）最大似然法谱估计法。最大似然法谱估计法是 20 世纪 60 年代末期出于对地震波和水声信号等处理的需要而发展起来的一种非线性谱估计方法。最早用这种方法对空间阵列接收信号进行频率波数谱估值，后来推广到对时间信号序列的功率谱估值。最大似然谱估计处理器可等效为一组数字式窄带频率 - 波数自适应滤波器。该滤波器对所需的波数可以顺利通过，而对其他波数的信号加以抑制。同时还可自适应地调整滤波器参数。对其他干扰波和噪声加以更强的抑制。这种滤波器的输出为信号的最大似然估值，当信号为平面波、噪声为零均值高斯噪声时，具有很高的分辨率。

2）最大熵谱估计法。由于受限于天线阵列基础孔径及阵元数，线性谱估计的空间分辨率不可能太高。有人提出根据各阵元信号间的相关函数，外推基础以外阵元信号的相关函数，同时满足熵最大的条件，然后再计算空间谱。使熵为最大等效于选定最相似的谱，再有效地运用基础以外虚设阵元的信息，因而提高了谱估计的分辨率。最大熵法的空间分辨率虽然比最大似然法要高，但仍不能解决对相干波的测向问题。

3）矩阵特征结构分析法。用矩阵形式写出阵列信号的数学模型，全面地表达了多波场的所有信息。对此矩阵方程求解，便可得到多波的方位角、仰角等参数。通常建立的是阵列信号的协方差矩阵。阵列信号的协方差矩阵是各阵元信号与其数字期望值（统计平均值）之间偏离程度的表达式，分析协方差矩阵的特征值和特征矢量便可求出多波的传播方向。这种方法可用较小的阵列尺寸，获得更高的分辨率和更小的偏差（无偏估计）。矩阵特征结构分析法有许多种，最有代表性的是 1979 年美国人 R.O. 施米特发表的多信号分类（Multiple Signal Classification，MUSIC）算法。

2.1.6.3　MUSIC 测向算法

MUSIC 测向算法可以简要概括为以下 5 个处理步骤：

（1）记录天线阵各个阵元所收到的数据 $X_m(t)$，$m=1$、2、$\cdots$、m。

式中 m 为天线阵元数，用矩阵形式列出天线阵输出的信号构成协方差矩阵 $\boldsymbol{R}$，计算相差函数

$$\gamma_{ik} = E\left[X_i(t)X_K^H(t)\right] \tag{2-7}$$

式中　$E[\cdot]$——数学期望值；

　　　　H——矩阵共轭转置；

　　　　γ_{ik}——相关矩阵 $\boldsymbol{R}$ 的第（ik）个元素。

（2）对 R 做特征分解，找出（M–L）个最小特征值所对应的特征矢量 V_{1+i}、V_{1+2}、…、V_m，它们构成噪声子空间矩阵：$E[V_{L+1}，V_{L+2}，…，V_M]$。

（3）计算空间谱

$$\rho_{mr}(\theta) = \frac{1}{\left\| E_N^H a(\theta) \right\|_2^2}$$

（2-8）

式中 $\|\cdot\|_2$ 表示 "·" 的 2 范数，$a(\theta)$ 为天线的矢量方向，对于由 θ_k 方向到来的波，方向矢量 $a(\theta_k)$ 与噪声子空间正交。$\left\| E_N^H a(\theta) \right\|_2 = 0$，故 $\rho_{mr}(\theta)$ 有最大值。以 θ 为变量进行扫描，当 $\rho_{mr}(\theta)$ 出现峰值时，即可求出对应的来波方向。

MUSIC 算法具有很高的空间分辨率，如果协方差矩阵 R 准确无误差时，可以得到多波方位角的无偏差估计。天线阵不限于等间隔直线阵或圆阵，也可采用任意排列的天线阵，只要准确知道阵元坐标位置即可。

MUSIC 算法的缺点是不能测相干波的方向。由于相干波的协方差矩阵不是满秩矩阵，无法利用特征矢量相互正交的特性求出各波方向。为此，有许多人研究改进这种算法。例如改进 MUSIC 法（IMUSIC）、空域平滑法、频域平滑法，还有信号特征矢量法（CADZOW）、旋转算子法（ESPRIT）、奇异值分解法（SVD）等，都可以对相干波进行测向。

2.2　无线电测向系统介绍

无线电测向系统的类型繁多，从不同的角度有不同的分类方法。按测向工作频段可分为长波、中波、短波和超短波、微波测向系统；按测向天线的孔径与测向频段波长的关系，可分为大基础和小基础测向系统；按使用方式可分为固定式、半机动式、机动式和便携式测向系统；按所依据的测向原理，可分为乌兰韦伯、多普勒、干涉仪及空间谱估计等测向系统，按照读取示向度的方式，又可分为听觉、视觉、数字自动取向测向系统，按照瞬时频率覆盖带宽，可分为窄带、宽带测向系统，等等。传统的测向系统通常由测向天线（阵）、测向接收机和测向处理显示器和操作控制器等部分组成。

在实际工程应用中，无线电测向系统常用的技术指标包括工作频段、瞬时带宽、测向灵敏度、测向准确度、同频角度分辨率、带内测向抗扰度、系统时间特性、系统可靠性等。工作频段是指测向设备在正常工作条件下从最低工作频率到最高工作频率的整个频率覆盖范围。例如，对于短波测向系统要求其必须覆盖1.5M ~ 30MHz 短波频段，通常还可能与中长波以及超短波低波段有重叠。瞬时带宽主要取决于测向接收机的中频选择性，也就是中频滤波器的带宽。目前短波波段测向接收主要分为窄带测向（瞬时带宽包括 1k、3k、6k、10k、12kHz 等多个档次）、宽带测向（瞬时带宽包括 1M、2M、4M、10MHz 等多个档次）、全频段（瞬时带宽覆盖 30MHz）测向三大类。测向灵敏度是指在规定的测向误差范围内，测向设备能够测定目标方位的最小信号场强或功率，它表征了测向系统对小信号的测向能力。测向灵敏度主要依赖于测向天线、天线阵的孔径、阵列形式、测向算法等诸多因素。测向准确度是指测向设备所测得的来波方位与真实方位之间的误差。由于测向误差的数值既与工作频率有关，又与信号来波方位有关，因此实际应用中需要用不同频率、不同方位测得的测向误差来表征系统的测向准确度。同频角度分辨率是指测向设备能够正确给出同频同时信号方位的信号最小角度间隔。角度分辨率与信号方位以及信号频率有关，一般而言，当天线物理尺寸一定时，频率越高，同频角度分辨率就越高。测向设备的抗扰度表征了测向设备在系统处理带宽内遇到干扰信号时的测向能力，该指标反映出测向设备在干扰环境中抑制干扰的能力。这里我们重点介绍几型比较典型的短波和超短波测向系统。

2.2.1　短波测向天线（阵）

（1）有源 U 形阿德考克天线阵（见图 2-10）。

图 2-10　AAU7480 有源 U 形阿德考克天线阵

德国 PLATH 公司生产的有源 U 形阿德考克天线阵 AAU7480，采用双层圆形布阵，外圈天线基线 30m，频率为 1M ～ 7MHz，内圈天线基线 10m，频率范围 7M ～ 30MHz，测向准确度优于 1°，天线增益 6dB，应用于沃特森 - 瓦特测向体制，用于半机动测向系统或固定测向系统的备用天线阵元。

（2）U646 短波测向天线线阵（见图 2-11）。

U646 短波测向天线阵是德国 PLATH 公司生产的有源 U 形阿德考克天线阵，适用于土壤电导率低的地区。对整个短波 1M ～ 30MHz 频率范围具有高灵敏度，测向精度高。自立式桅杆无拉绳结构，并具有综合自检测试功能、可用性强、保养要求低等特点。

图 2-11　16 元 U 形阿德考克天线阵

U646 短波测向天线阵 1M ～ 8MHz 频率范围内工作时使用基础 I（外圈天线，16 个自支撑天线桅杆），8M ～ 30MHz 频率范围内使用基础 II（内圈天线 8 个自支撑天线桅杆），频率范围内的电磁地面和天空波定向桅杆周围的集成网络使天线系统也能工作在土壤电导率低的地区。该天线阵还提供了一个虚拟的全方位天线，使它能够在没有示向模糊（定单向）的情况下确定准确测向，测向精度优于 1°，测向灵敏度优于 0.2μV/m。

（3）MRA5000 型短波干涉仪测向天线（见图 2-12）。

MRA5000 型短波干涉仪测向天线是由 HENSOLDT 南非公司设计生产的，频率范围 1M ～ 30MHz，天线元由 1 个单极子天线和 1 个交叉环天线组成，测向准确度在 1.5M ～ 3MHz 时为 1.5°rms，在 3M ～ 30MHz 时为 1°rms，支持大基础干涉仪测向体制，具有高灵敏度、高测向准确度，可组成 5 元、7 元或 9 元测向天线阵，基线长度 20、50、85m 或 125m。

图 2-12　MRA5000 干涉仪测向天线

（4）ADD011SR 短波测向天线阵（见图 2-13）。

ADD011SR 是由 R&S 公司设计生产的由在圆形阵列上的 9 个交叉环天线单元组成，可提供任意方向高精度、高灵敏度测向。交叉环天线阵元确保测向性能与接收信号的极化无关（包括水平极化、垂直极化和圆形极化）。对天波信号的测试仰角高达 85°。支持新的超分辨率测向方法可以同时在同一频率上解决多达 7 个不同的信号。

图 2-13　R&S ADD011SR 短波测向天线阵

R&S ADD011SR 的直径可分为 50m 和 100m 两种布阵方式，最大直径为 100m，具有更高的灵敏度和对反射的更高的抑制能力，增益 50m 天线阵列高 6dB。如果没有足够的空间来设置大孔径天线阵可以选用 50m 孔径。也可以两个不同直径的同心阵列的配置测向天线，孔径越大，测向的精度和灵敏度越好。另一方面，当天线阵元数量满足要求时，天线阵孔径越大则可用测频率越低。可以配置为内部阵列 50m、外部阵列 150m，可以在频率 2M ～ 30MHz 内达到优异的测向性能。测向精度优于 1°，测向灵敏度优于 0.25μV/m。

2.2.2　超短波测向天线阵

（1）MRA3000B 机动式超短波测向天线阵（见图 2-14）。

MRA3000B 是由 HENSOLDT 南非公司设计生产的机动式超短波测向天线阵。

图 2-14　MRA3000B 机动式超短波测向天线阵

其频率 20M ～ 3000MHz，极化方式为垂直极化方式，测向准确度：当工作频率小于 100MHz 时为 2.5° rms，当工作频率大于 100MHz 时为 1.5° rms；测向灵敏度优于 20μV/m。

（2）ADD153SR 超短波测向天线阵（见图 2-15）。

ADD153SR 是德国 R&S 公司生产的超短波测向天线阵，频率 20MHz ～ 1.3GHz 的机动和固定站测天线。通过适配器安装在桅杆上、车顶上或三脚架上。设计准备用于超分辨率测向算法，天线单元可以在无源 / 有源两种工作模式进行切换；可选 R&SADD-LP 防雷扩展模块，在不影响测向精度的情况下可扩展防雷设计以适应信号环境。

图 2-15　ADD153SR 超短波测向天线阵

（3）CMA 2405 超短波测向天线阵（见图 2-16）。

图 2-16　CMA 2405 超短波测向天线阵

　　CMA 2405 超短波测向天线是德国 PLATH 公司专为需要高塔顶位置的应用而设计。由于使用了相关干涉仪测向原理，因此具有较高的测向精度。频率覆盖 20M ~ 3000MHz。天线顶部的杆可防雷击。该天线由抗腐蚀材料组成，坚固且稳定的结构内置测试设备（BITE），使其非常适合在极端天气和环境条件下使用，具有可靠性高和维护成本低等特点，广泛使用于无线电侦察、频率管理、搜索和救援、船舶交通服务等领域。

　　1）该天线阵分为三个不同孔径：①孔径 1（孔径为 3.3m）工作频段为 20M ~ 200MHz，还可以支持沃特森 - 瓦特测向算法；②孔径 2 工作频段为

200M ~ 1200MHz；③孔径3工作频段为1200M ~ 3000MHz。

2）系统灵敏度（S/N = 0dB；BW=500Hz），0.5μV/m（典型值）。

3）测向精度，1.5°（RMS，典型值）。

4）最大风速，185km/h（无冰），165km/h（有25mm冰）。

5）平均无故障工作时间，$MTBF$ > 50000h。

2.2.3 短波测向系统

（1）DFP 5400短波测向系统（见图2-17）。

宽带测向系统DFP 5400是德国PLATH公司设计生产的。频率1M ~ 30MHz，瞬时带宽为2MHz。

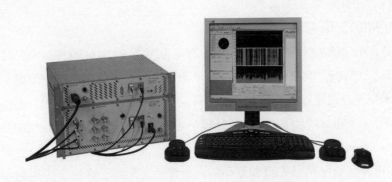

图2-17 DFP 5400短波测向系统

2MHz带宽可以使DFP 5400在10MHz带宽内、两个采样点的情况下，对持续时间长度为100ms的猝发信号捕获概率理论上达到100%。设备的配置包括DF调谐头（DF-tuner）、带有测向数据分析的FFT示向处理器和电源模块（见图2-18）。

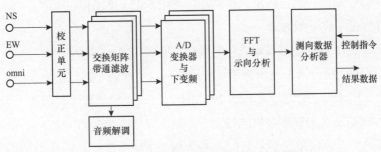

图2-18 DFP 5400短波测向系统原理框图

该测向系统的标准设计是沃特森 - 瓦特测向体制，但是其他三通道测向算法也可以在该系统中使用，而不必改变 FFT 和测向处理器的硬件。DFP 5400 的信号流程是：天线输出的三路信号在高频单元里被搬移到中频，并转换成数字化形式。快速傅里叶变换（FFT）和测向处理器对 FFT 并行谱线进行计算，输出每个 FFT 谱线的示向度和幅度值在测向数据分析器，将示向线与指定的发射源结合起来，因为对每一个发射源只能提供一个示向度的值。通过使用频率和时间分集特殊的算法，DFP 5400 的测向数据分析设备可使测向精度和灵敏度得到很大提高。使用两块并行的 FFT 运算器，使系统同时具有很高的频率和时间分别率的优点。为此，测向分析设备提供通带内每个信号的带宽、持续时间、信号起点和调制方式的粗略分类。分段算法不仅综合定频信号的每个示向线，而且分别给出跳频和频率捷变信号的每一跳的每条示向线。

（2）MRD 5001 短波宽带测向系统。

MRD 5001 短波宽带测向系统，工作频率范围从 500kHz 到 30MHz，最大瞬时带宽可达 10MHz，具有单捕获采样最佳测向质量结果，测向扫描速度不小于 1ghz/s，采用 9 通道干涉和超分辨率测向算法，具有超分辨测向算法、选择性监测与波束形成功能，满足了复杂电磁环境下对短波低截获概率信号侦测的挑战。采用最新技术实现优异的测向性能和高灵敏度。大孔径天线阵列、高性能、高动态范围电路、数字信号处理和复杂的人机界面图形结合在一个尖端的解决方案。MRD 5001 结合了高速捕获多通道数据的优点，在同一频带内和同一频率上检测和测量一个或多个信号所需的精细频率分辨率。通过使用超分辨率算法，MRD 5001 可以检测和检测在相同频率上工作的信号的方向。通常被较强信号所隐藏的微弱信号，可以通过使用内置的波束形成算法来增强和检测传播路径的分离提高了方位结果和定位精度，特别是当使用 SSL（单站定位）时。单次捕获干涉仪操作保证了良好的性能。

（3）MRD 5002 超分辨短波测向系统（见图 2-19）。

MRD 5002 超分辨短波测向系统采用 9 信道单捕获干涉仪测向体制，工作频率 0.5M ~ 30MHz，瞬时带宽高达 29.5MHz，实现了全频段实时覆盖。测向扫描速率高达 2GHz/s（分辨率和模式特定），最小信号持续时间小于 1 ~ 4ms（取决于信号模式），测向精度不大于 0.5° 均方根（采用 7 或 9 元 L- 天线阵情况下）。具有单站定位功能（SSL），固定频率和跳频信号检测，具有超分辨测向算法和波束形成（选配）。

图 2-19　MRD 5002 超分辨短波测向系统

2.2.4　超短波测向系统

（1）R&S DDF0xA 测向系统（见图 2-20）。

图 2-20　R&S DDF0xA 测向系统

R&S 公司生产的 DDF0xA 全新系列 HF/VHF/UHF 宽带数字搜索测向系统集先进射频设计与高速的数字信号处理器件结合，以其 20GHz/s 的扫描速度和极高的测向可靠性，对各种先进通信体制信号实现截获和测向，包括常规信号、宽带数字信号、跳频信号、短时信号、线性调频信号等低截获概率信号（见图 2-21）。

DDF0xA 的频率 300kHz ～ 3GHz，频率低端可扩展到 9kHz。型号 DDF01A 为短波数字监视测向系统，工作频段 0.3M ～ 30MHz，型号 DDF05A 为超短波（VHF/UHF）数字监视测向系统，工作频段 20M ～ 3000MHz；DDF06A 为短波 / 超短波数字监视测向系统，工作频段 0.3M ～ 3000MHz。

测向精度：1° RMS（300kHz ～ 1.3GHz）；2° RMS（1.3G ～ 3GHz）；

测向灵敏度具体数值取决于所选用的测向天线；使用 9 阵元圆形天线阵，采用相关干涉仪测向算法，每秒可提供 100000 个方位结果。

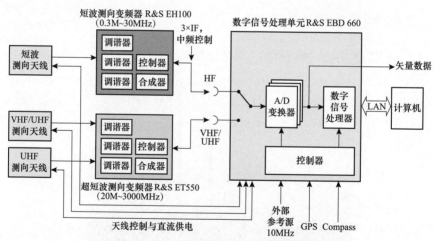

图 2-21　R&S DDF0xA 测向系统原理框图

（2）MRD7 多任务单兵机动式侦测系统（见图 2-22）。

MRD7 是 HENSOLDT 南非公司新出品的一款扩展电子战产品应用的产品，该系统特别设计用于人力背负和机动应用，其重量和尺寸是比较关键的特性。

MRD7 测向系统提供了一个相当宽的频率范围，可覆盖 1M ～ 6000MHz，外形紧凑，经济实用，是全频段监测与测向的完整的解决方案。这个系统的一个重要的特征是在对信号进行监测的同时还能做测向，MRD7 尤其适用于在维和与低强度冲突的场合。

图 2-22　MRD7 多任务单兵机动式侦测系统图

MRD7 的设计使它既可以用于单站工作模式，也可以与其他 MRD7 设备组成更大系统，甚至可以集成到战术中心。这使得用户能够配置一个涵盖了测向 / 监测和电子战的完整的电子战解决方案。感兴趣信号频率列表扫描，监测与测向可同时进行，具有频谱记录和回放功能，内置地图功能用于三角定位法显示测向方位线。方位角可通过不同地理位置的多个测向站共同提供数据。

1）测向接收机频率：1M ～ 6000MHz；

2）设备测向精度：≤ 1°　RMS；

3）无反射环境下测向精度：≤ 5°　RMS；

4）瞬时测向带宽：0.05/0.1/0.2/0.5/1/2/10/20/40/80MHz；

5）最小信号驻留时间（25kHz FFT 分辨率）：≥ 1ms；

6）每秒可测方位数量：≥ 80000；

7）扫描测向速率（100kHz 分辨率）：≥ 10GHz/s（100% 占用度）；

8）接收机灵敏度（12.5kHz BW，10dB SNR）：≤ –108dBm；

9）输入 IP3：0dBm；

10）本振再次辐射：≤ –90dB；

11）动态范围：≥ 70dB；

12）信号自动检测：固定频率、跳频、GSM、TETRA；

13）解调模式：CW、AM、FM、SSB、FSK；

14）解调带宽：100/200Hz，1/4/6/8/12/16/20/40/80/100/160/200/320kHz；

15）功耗：≤ 50W；

16）重量：天线及底座，≤ 6.3kg，测向单元（含电池），≤ 11kg；

17）应用处理器：≤ 3kg。

2.3　非理想电磁环境对测向的影响

非理想电磁环境对无线电测向主要有无源障碍物影响和有源无线电干扰两大类。

2.3.1　无源障碍物影响

在无线电测向天线附近的各种障碍物，由于再次辐射或反射电磁波，成为相干电磁波，它使测向天线附近原来的电磁场发生畸变，从而产生测向误差。在我们周围环境中，尺寸上接近短波信号波长的1/4、1/2能够产生较强再次辐射或反射，自然的和人为的障碍物较多；在短波频段高段，无线电测向的各种电气参数随频率变化较快，由此产生的误差呈随机性，基本不能校准。因此，在分析研究短波无线电测向误差时，对周围环境障碍物的无源影响应加以高度重视。

2.3.2　有源无线电干扰

根据各种有源无线电干扰具有的不同特性和产生影响的不同，大致可以分以下几种情况：

（1）具有较强方向性的同信道窄带有源无线电干扰，它们为频率稍有差别的非相干波，在某个或某些频率（信道）上对大多数类型的测向系统所取的示向度直接有拉偏影响，严重时甚至压制所测的信号幅度和方向信息。此类干扰如大功率发射台，一般工业、科学、医疗设备等。

（2）方向性不明显的宽带有源无线电干扰，它主要增大了环境背景噪声，恶化了电磁环境，直接影响（降低了）测向灵敏度，从而也间接影响到测向的准确度。此类干扰如架空输电线路的电晕所产生的无线电干扰等。

（3）方向性明显的宽带有源干扰，它除了恶化电磁环境，影响到测向系统的灵敏度外，还直接影响测向准确度，即对测向系统所取的示向度有拉偏影响，此类干扰如电气化列车的集电弓与架空导线接触不良引起打火、电瓶车充电装置、电动汽车发动机以及架空输电线路的绝缘子有缺陷引起打火等所产生的无线电干扰等。

2.3.3 无线电测向误差分析和无线电干扰电平的允许值

无线电测向产生误差的原因主要有以下几个方面；

（1）电波传播误差。短波远距离通信经电离层反射，电离层本身比较复杂，且不断变化，常引起多径效应，特别是由于电离层横移引起的误差很难排除。据有关资料介绍，这种误差大致为1°左右。

（2）本机误差。目前短波测向系统测向精度一般优于1°，采用空间谱估计等超分辨算法可优于0.5°。

（3）场地误差。即周围环境各种障碍物的再次辐射造成的误差。从测向来看，一般总的误差不应大于2°（如果测向距离为1000km的话，就相当于有35km的偏差）。按照上述误差值进行分配，用均方根误差值计算，那么地形误差至多可分配到1.3°左右，由于场地存在的障碍物常不是一种，因此就某种障碍物来说，允许的误差一般必须小于1°。由于金属障碍物和非金属障碍物影响的程度不同，对金属障碍物最大误差限制在1°以内，对非金属障碍物用同样的方法计算，实际没有这样大的误差，因此计算时可适当放宽，限制在均方根误差1°以内。对有源无线电干扰中凡能用误差直接测量的，在较好的测向条件下（信号较背景噪声约高20dB），不允许产生大于1°的最大误差。对有源无线电干扰中难以直接用测向误差度量表示的情况下，可用无线电干扰对背景噪声恶化程度的要求测量表示。由于宽频带无线电干扰和窄频带无线电干扰影响的程度不同，对宽带无线电干扰影响，允许其恶化背景噪声0.5dB；对窄带干扰可适当放宽，但其增量最大不允许超过3dB。考虑到某些无线电干扰出现的概率较小，原机性较强，则可根据其影响的概率大小程度适当放宽。某些干扰源不仅存在无源的影响，同时还存在有源的影响，在计算保护间距时按影响较大的情况取值。

2.4 架空输电线路对短波测向台再次辐射干扰的理论评估

2.4.1 单个金属反射体

架空输电线路的再次辐射干扰，系指位于短波测向台天线阵列附近的架空输电线路作为金属再次辐射体，对无线电来波产生再次辐射电磁场，它与无线电来波的主电磁场合成一起作用到短波测向台的天线阵列后所产生的影响。

在短波测向台天线阵列的附近，如存在金属再次辐射体，无线电来波就会在此金属再次辐射体中感应电动势 ε_{ref}，此电动势又会在此金属导体中产生感应电流 I_{ref}，感应电流同样也会在它周围产生再次辐射电磁场（其电场用 E_{ref} 表示），它与来波的主电磁场（其电场用 E 表示）一起作用到短波测向系统天线阵列上。再次辐射电磁场可以分成两个分量，其中一个分量在测向天线阵列中感应的电动势与主电磁场感应的电动势相位相一致，作为同相分量，将直接引起测向误差；再次辐射电磁场的另一个分量在测向天线中感应的电动势则与主电磁场感应的电动势相位上相差 90°，称为异相分量。异相分量将使无线电测向在取向（获取来波来向的示向度）时产生钝化（模糊）的影响，如在听觉取向时，则使小音点区域变宽，在视觉取向时使理想状态下呈直线的示向度线变成椭圆形，这些都对来波的取向造成困难，间接也产生测向误差，但在一般情况下，后者的影响较前者要小一点，所以在后面的分析中，将着重分析再次辐射电磁场中同相分量部分直接产生误差的影响。

下面分析再次辐射电磁场对小基础（也称为窄孔径）无线电测向系统（其天线阵列的方向图为阿拉伯数字 8 的图形）的原理。为简单方便起见，天线系统以框式天线或两根直立天线构成的间隔天线为例，可以很简单地直接推广到 4、8、……根小基础（窄孔径）的天线系统，因为它们最终都是形成一个可以旋转的"8"字形方向图，当旋转天线（即方向图），小音点的指向即为来波的方向（示向度）。在图 2-23 中，设：

C——无线电测向系统的天线中心点，也是本图坐标的原点；

R——再次辐射体（金属导体障碍物）；

d——再次辐射体离测向系统天线中心的距离；

OO′——方位角（示向度）读数的起始线；

P——来波的方位角；

E——电场强度（正常极化）；

Ψ——再次辐射体的方位角；

θ——起始线与 N（北）的方位角。

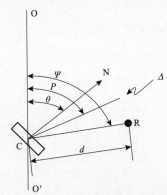

图 2-23　测向天线接收电波示意图

再次辐射体的有效高度为 h_{ref}，阻抗为 $Z_{\text{ref}} \text{e}^{\text{j}\varphi_1}$，方向特性系数为 $F(\theta_0, \Psi_0)$；θ_0 为再次辐射体方向特性最大点的方位角；Ψ_0 为从测向系统看，电波来向与再次辐射体之间的夹角 $\Psi_0 = P - \Psi$，并令仰角为 0，于是在再次辐射体中感应的电动势

$$\varepsilon_{\text{ref}} = E \cdot h_{\text{ref}} \cdot F(\theta_0, \Psi_0) \text{e}^{\text{j}\varphi_2} \qquad (2\text{-}9)$$

式中，φ_2 与再次辐射体本身的特性、相对测向天线的位置以及来波的方向有关。当来波方向 P 为 $P = \Psi + \pi/2$，则 $\varphi_2 = \varphi_{20}$，即它只与再次辐射体本身的特性有关。当 $P \neq \Psi + \pi/2$，则

$$\varphi_2 = \frac{2\pi}{\lambda} d \cos\Psi_0 + \varphi_{20} \qquad (2\text{-}10)$$

再次辐射体中的电流（当电流沿再次辐射体非均匀分布时，h_{ref}、Z_{ref}、ε_{ref} 和 I_{ref} 均为对再次辐射体的最大电流点而言）为

$$\dot{I}_{\text{ref}} = \frac{\varepsilon_{\text{ref}}}{Z_{\text{ref}} \cdot \text{e}^{-\text{j}\varphi_1}} = \frac{E \cdot h_{\text{ref}} \cdot F(\theta_0, \Psi_0)}{Z_{\text{ref}}} \cdot \text{e}^{\text{j}(\varphi_1 + \varphi_2)} = I_{\text{refm}} \cdot \text{e}^{\text{j}(\varphi_1 + \varphi_2)} \qquad (2\text{-}11)$$

再次辐射体在测向天线所处位置上产生的再次辐射电磁场（正常极化）为：

$$\dot{E}_{\text{ref}} \approx a \cdot \dot{I}_{\text{ref}} \cdot F(\theta_0, \Psi) \text{e}^{\text{j}\varphi_3} = a \cdot I_{\text{refm}} \cdot F(\theta_0, \Psi) \cdot \text{e}^{\text{j}(\varphi_1 + \varphi_2 + \varphi_3)} \qquad (2\text{-}12)$$

φ_3与再次辐射体、测向天线的相对位置以及再次辐射体本身的特性有关，如果$d \ll \lambda$，则仅与再次辐射体本身特性有关，即$\varphi_3 = \varphi_{30}$，但当d较大，并方向为任意时，则

$$\varphi_3 = \pm \frac{2\pi}{\lambda}d + \varphi_{30} \qquad （2\text{-}13）$$

再次辐射体产生的电磁场的电场分量可以写为：

$$E_{\text{ref}} = E_{\text{refm}} \text{e}^{\text{j}\varphi} = E_{\text{refm}}\cos\varphi + \text{j}E_{\text{refm}}\sin\varphi = E'_{\text{ref}} + \text{j}E''_{\text{ref}} \qquad （2\text{-}14）$$

而

$$\varphi = \varphi_1 + \varphi_2 + \varphi_3 \qquad （2\text{-}15）$$

令$E_{\text{refm}} = kE$，式中有

$$k = \frac{a \cdot h_{\text{ref}} \cdot F(\theta_0, \boldsymbol{\Psi}_0) \cdot F(\theta_0, \boldsymbol{\Psi})}{Z_{\text{ref}}} \qquad （2\text{-}16）$$

式（2-14）的第一项

$$E'_{\text{ref}} = E_{\text{refm}}\cos\varphi = kE\cos\varphi \qquad （2\text{-}17）$$

它与被测发射台所产生的电场同相，使测向系统产生示向误差。

式（2-14）的第二项

$$E''_{\text{ref}} = E_{\text{refm}}\sin\varphi = kE\sin\varphi \qquad （2\text{-}18）$$

它同被测发射台所产生的电场异相，使测向系统的示向度钝化（模糊）。

因此，为了研究再次辐射电场E_{ref}对无线电测向的影响，则需求再次辐射系数k和相移值φ。

再次辐射系数k值由再次辐射体的形状和相对位置决定，并与其固有频率相对来波发射台频率的比值有关。相移φ值与再次辐射体本身的特性，以及由其固有频率相对来波发射台频率的比值决定的阻抗有关（$\varphi_1 + \varphi_{20} + \varphi_{30}$部分），同时与再次辐射体相对测向系统天线系统的相互位置有关（$\varphi_2 + \varphi_3 - \varphi_{20} - \varphi_{30}$部分），此相位差由前面的公式不难看出为$\frac{2\pi}{\lambda}d(1 \pm \cos\boldsymbol{\Psi}_0)$。

一般情况下求短波测向台附近存在金属导体的再次辐射体时，产生测向误差的公式，当来波主电磁场与再次辐射体产生的再次辐射电磁场一起作用到由两根天线构成的间隔天线阵列（或框式天线）中，所产生的电动势为

$$\varepsilon_{\text{D}} = Eh_{\text{D}}[\sin(p-\theta) + k\cos\varphi\sin(\boldsymbol{\Psi}-\theta) + \text{j}k\sin\varphi\sin(\boldsymbol{\Psi}-\theta)] \qquad （2\text{-}19）$$

式中 h_D——测向天线的有效高度。

式（2-19）中第一项是当短波测向天线附近不存在再次辐射体，测向系统正常工作时的方向图，可以看出，当天线旋转到 $\theta=p$ 时，电动势消失，即呈现为零点，此时天线面法线的方向 θ，即为来波方向 p。式（2-11）中后两项是再次辐射体所产生的，第二项为同相分量，当 $\theta=p$ 时，明显它不为零，因再次辐射体所处的方向 Ψ 不太可能与来波方向一致（如果偶然恰巧一致，则不产生误差）；第三项为异相分量，同样地，当 $\theta=p$ 时不为零，并使示向度钝化（模糊）。我们取上式的幅值，有

$$\varepsilon_D = E \cdot h_D \sqrt{[\sin(p-\theta)+k\cos\varphi\sin(\Psi-\theta)]^2 + [k\sin\varphi\sin(\Psi-\theta)]^2} \quad (2\text{-}20)$$

显然，当再次辐射体所处的位置与来波方向不一致时（实际情况都会是这样），天线面旋转到任意位置，即 θ 为任何值时，短波测向天线中的电动势均不可能为零，取向不可能根据零音点，而是根据小音点（即听觉测向听到来波信号的声音最小时），为此对上式取导数，并令其为零，即 $\theta=p$

$$\frac{d\varepsilon_D}{d\theta} = 0 \quad (2\text{-}21)$$

取 ε_D 的最小点，并令 $p-\theta=\Delta$（即示向度的校准值；在数值上它等于测向误差，但符号相反），为了取导数方便起见，只需对上式根号中的部分（以 G^2 表示）取导数。于是

$$\frac{dG^2}{d\theta} = 2\sin\Delta\cos\Delta + 2k^2\sin(\Psi-p+\Delta)\cos(\Psi-p+\Delta)$$

$$+2k\cos\varphi\sin\Delta\cos(\Psi-p+\Delta) + 2k\cos\varphi\cos\Delta\sin(\Psi-p+\Delta) = 0 \quad (2\text{-}22)$$

由此得

$$\tan 2\Delta = \frac{2k\cos\varphi\sin\Psi_0 + k^2\sin 2\Psi_0}{1 + 2k\cos\varphi\cos\Psi_0 + k^2\cos 2\Psi_0} \quad (2\text{-}23)$$

当 k 值很小时，有

$$\Delta \approx \tan\Delta = k\sin\Psi_0\cos\varphi \quad (2\text{-}24)$$

由式（2-24）可见，当 $\Psi_0 = \dfrac{\pi}{2}$（即相对短波测向天线中心，再次辐射体与来波形成的夹角为90°），并 $\varphi=0°$ 或 180°（即再次辐射电磁场相对来波入射场的相移为0° 或180°）时，由再次辐射体引起的误差值最大，上式变为：

$$\Delta_{max} \approx k \qquad\qquad (2\text{-}25)$$

即最大测向误差与再次辐射体的再次辐射强度成正比，并近似等于再次辐射系数 k。

2.4.2 对短波测向台保护间距的估计

2.4.2.1 没有架空地线的输电线路

没有（或绝缘）架空地线的输电线路对短波无线电测向台的再次辐射干扰影响，主要是垂直接地铁塔产生的影响，架空水平导线的再次辐射干扰可忽略不计（参照 CECS 66—1994《交流高压架空送电线对短波无线电测向台（站）和收信台（站）保护间距的计算规程》）。从远处看，金属铁塔可视为直立的细导线，依 Sommerfeld 垂直偶子场理论，当大地为理想导电时，垂直偶极子电场强度的垂直分量，为如下简化公式 [见第 1 章式（1-81）]

$$dE_{0z} = -\frac{j\omega\mu_0 I(z)}{4\pi}\left(\frac{e^{-\gamma_0 R_1}}{R_1}+\frac{e^{-\gamma_0 R_2}}{R_2}\right)dz \qquad (V/m) \qquad (2\text{-}26)$$

式中　R——垂直偶极子与观测点的距离，m，$R_1 = \sqrt{d^2+(z-h)^2}$；

　　　h——观测点对地高度，m；

　　　R_2——垂直偶极子镜像与观测点的距离，m，$R_2 = \sqrt{d^2+(z+h)^2}$；

　　　d——垂直偶极子与观测点的水平距离，m，$d = \sqrt{x^2+y^2}$；

　　　μ_0——空气磁导率，H/m，$\mu_0 = 4\pi\times10^{-7}$；

　　　ε_0——空气介电常数，F/m，$\varepsilon_0 = \dfrac{1}{36\pi}\times10^{-9}$；

　　　γ_0——空气传播常数，1/m，$-\gamma_0 = jk_0$，$\gamma_0 \approx j\omega\sqrt{\mu_0\varepsilon_0} = j\dfrac{2\pi}{\lambda}$；

　　　σ_e——大地视在电导率，S/m；

　　　$I(z)$——垂直偶极子中的电流，A。

若直立细导线高度为 H，再次辐射在观测点的电场强度垂直分量为

$$E_v = \int_0^H dE_{0z} = -\frac{j\omega\mu_0}{4\pi}\int_0^H\left(\frac{e^{-\gamma_0 R_1}}{R_1}+\frac{e^{-\gamma_0 R_2}}{R_2}\right)I(z)dz \qquad (V) \qquad (2\text{-}27)$$

当 $d \gg (z-h)$ 和 $(z+h)$ 时，式（2-27）变为

$$E_v \approx -j\frac{120\pi e^{-\gamma_0 d}}{\lambda d}\int_0^H I(z)dz \qquad\qquad (2\text{-}28)$$

直立细导线中馈电流如为正弦分布

$$I(z) = I_0 \frac{\sin \beta(H-z)}{\sin \beta H}$$

式（2-28）中的积分为

$$\int_0^H I(z)dz = \frac{I_0}{\sin \beta H}\int_0^H \sin\beta(H-z)dz = \frac{I_0}{\beta}\frac{1-\cos\beta H}{\sin\beta H} = \frac{I_0}{\beta}\tan\frac{\beta H}{2} = I_0 h_e$$

直立细导线的有效高度为

$$h_e = \frac{1}{\beta}\tan\frac{\beta H}{2} \approx \frac{\lambda}{2\pi}\tan\frac{\pi H}{\lambda} \qquad (2-29)$$

式（2-28）变为

$$E_v \approx -j\frac{120\pi e^{-\gamma_0 d}}{\lambda d}I_0 h_e \qquad (2-30)$$

直立细导线阻抗为 Z，若电流为

$$I = \frac{EH}{Z}$$

若 $\gamma_0 \to 0$，式（2-30）变为

$$E_v \approx -j\frac{120\pi}{\lambda d}\frac{EH}{Z}h_e \qquad (2-31)$$

若阻抗等于辐射电阻，即 $Z=R_r$，并 $H=h_e$，可得

$$E_v \approx -j\frac{120\pi}{\lambda d}\frac{E}{R_r}\left(\frac{\lambda}{2\pi}\right)^2 = -j\frac{30\lambda}{\pi d}\frac{E}{R_r} \qquad (2-32)$$

当 $H = \lambda/4$ 的 $R_r=36.6\Omega$ 时，代入式（2-32），电场强度垂直分量的模为

$$|E_v| \approx 0.261\frac{\lambda}{d}E = \frac{0.261\times4\times H}{d}E = 1.044\times\frac{H}{d}E$$

再次辐射系数（或称反射系数）为

$$k = \frac{E_v}{E} \approx 1.044\times\frac{H}{d}$$

上式表示，当垂直接地导体的长度为 $\lambda/4$ 时，再次辐射系数 k 近似为垂直接地导体高度 H 与其测向天线之间距离 d 之比。同时考虑到垂直接地导体（再次辐射体）的再次辐射场的相位，如与来波发射台的相位同相或反相，垂直接地导体（铁塔）的影响最大，此时最大误差为 1°，则得最大误差为

$$\Delta_{max} \approx k = \frac{E_v}{E} \approx 1.044 \times \frac{H}{d} = \frac{1}{57.3}$$

$\lambda/4$ 保护间距为

$$d = 1.044 \times 57.3H = 59.8H \approx 60H(15\lambda) \tag{2-33}$$

为了使垂直接地导体（铁塔）影响产生的最大误差不大于 $1°$ ，则垂直接地导体（铁塔）与短波无线电测向天线之间的距离必须大于 60 倍垂直接地导体（铁塔）的高度（或大于垂直接地导体 $\lambda/4$ 谐振频率点上的 15 个波长）。GB 13617《短波无线电测向台（站）电磁环境要求》附录中给出的保护间距 60 倍塔高是这样得来。

当 $H = 3\lambda/4$ 的 $R_r = 52.8\Omega$ 时，代入式（2-24），则电场强度垂直分量的模为

$$|E_v| \approx 0.181 \times \frac{4 \times H}{3d} E = 0.241 \times \frac{H}{d} E$$

如再次辐射系数近似等于最大示向度误差，并最大示向度误差为 $1°$ ，则得

$$\Delta_{max} \approx k = \frac{E_v}{E} \approx 0.241 \times \frac{H}{d} = \frac{1}{57.3}$$

$3\lambda/4$ 的保护间距为

$$d = 0.241 \times 57.3H = 13.8H \approx 14H \tag{2-34}$$

可见，$3\lambda/4$ 比 $1\lambda/4$ 波长的保护间距缩短了四倍多。

2.4.2.2 铁塔成列的影响

实际的架空输电线路是一列铁塔，此时保护间距根据国外某些资料介绍，认为应是单座铁塔保护间距的两倍。考虑到实际排列成行的铁塔的间距有疏有密，其影响显然不同。以离测向天线垂直距离最近的一座铁塔为中心，向两侧各取多座铁塔，直至第某座铁塔的影响已很小为止，分别计算出各座铁塔能产生的最大误差，以它们的均方根作为总误差，这样计算出几条曲线（见图 2-24），第 1 条曲线为单座铁塔产生的误差随铁塔离测向天线距离 d 变化的曲线，并以 $d = s = d_0$（s 为档距）时的误差 H/d_0 为基准误差，即不同距离 d 时的误差以 H_a/d_0 的倍数来表示；第 2 条曲线为多座铁塔形成列时产生的影响随 d 变化的曲线，它以相同 d 时单座铁塔时所产生的误差的倍数表示；第 3 条曲线是第 1、2 两条曲线的乘积，即以 H/d_0 基准误差的倍数表示总的误差随 d 变化的曲线。利用第 3 条曲线，我们可以估出对任意一列铁塔的保护间距。如已知铁塔的高度 H_a 和铁塔间的距离 s ，即可求出基准误差 $H_a/d_0 = H_a/s$ ，又以可允许产生 $1°$ 最大误差的距离为保护间距，并考

虑到再次辐射波沿地面传播时的衰减，以 6dB 计算（即将保护间距缩小一倍），则此时保护间距 d 处总误差较基准误差 H_a/d_0 的倍数为

$$x = \frac{1°}{(H_a / d_0) \times 57.3° \times 0.5} \quad (2\text{-}35)$$

以此 x 值查第 3 条曲线，得出相应的 d/s，由于档距 s 为已知，即可求得 d 值。

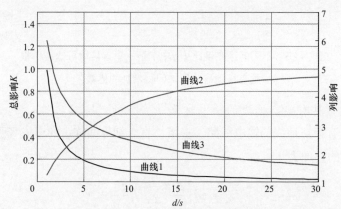

图 2-24 各座铁塔产生的最大示向度误差曲线图（以均方根为总示向度误差计算的误差）

例如：已知 H=12m，s=60m，H/d_0=0.2，得

$$x=1/（0.2 \times 57.3 \times 0.5）=0.175$$

由第 3 条曲线得 d/s=27，则得

$$d=27 \times s=1620（\text{m}）$$

此时对单座铁塔的保护间距为

$$d_1=60 \times H_a=720（\text{m}）$$

可见 d/d_1=2.25 倍，此时档距与塔高之比 s/H_a=5。

如以允许最大误差为 1°，可以得到一列铁塔较单座铁塔保护间距的增加倍数随档距与塔高之比（s/H_a）的变化曲线，见图 2-25，由图可以构成表 2-1。

表 2-1 一列铁塔较单座铁塔保护间距的增加倍数

s（档距）/H_a 塔高	较单座铁塔要求增大保护间距的倍数
5 ~ 10	2.3 ~ 1.8
10 ~ 15	1.8 ~ 1.4
15 ~ 20	1.4 ~ 1.1
>20	1

注 如处于范围中间，可用线性插值。

61

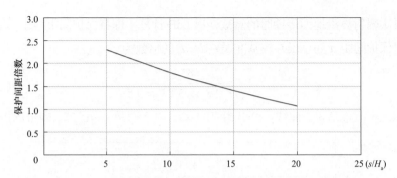

图 2-25 不同间距高度比（s/H_a）下，垂直接地导体较单根
垂直接地导体保护间距增加的倍数

2.4.2.3 具有架空地线的输电线路

对于具有架空地线的输电线路，多塔（直立细导线阵）的合成场强为单个直立导线场强的叠加为

$$E_{vc} \approx -j\frac{120\pi}{\lambda}\sum_{i=1}^{n} I_i \frac{e^{-\gamma_0 d_i}}{d_i} \tag{2-36}$$

直立细导线阵各细导线中的电流，可用矩量法或传输线法计算。

对于有架空地线的输电线路，应计算"架空地线 - 铁塔"网络的电流分布。计算电流分布的方法很多，现用较简单的回路电流法，可列出如下矩阵[23]

$$[Z][I]=[E] \tag{2-37}$$

得电流矩阵为

$$[I]=[Z]^{-1}[E]$$

式中　$[Z]^{-1}$——阻抗矩阵的逆矩阵。

阻抗矩阵为

$$[Z]=\begin{bmatrix} Z_{t1}+Z_{g1}+Z_{t2} & -Z_{t2} & 0 & \cdot & \cdot & \cdot & 0 \\ \cdot & \cdot & \cdot & \cdot & \cdot & \cdot & \cdot \\ 0 & \cdot & -Z_{ti} & Z_{ti}+Z_{gi}+Z_{t(i+1)} & -Z & \cdot & 0 \\ \cdot & \cdot & \cdot & \cdot & \cdot & \cdot & \cdot \\ 0 & \cdot & \cdot & \cdot & 0 & -Z_{tn} & Z_{tn}+Z_{gn}+Z_{t(n+1)} \end{bmatrix}$$

电流矩阵为

$$[\boldsymbol{I}] = \begin{bmatrix} I_1 \\ \cdot \\ \cdot \\ \cdot \\ I_i \\ \cdot \\ \cdot \\ \cdot \\ I_n \end{bmatrix}$$

电动势矩阵

$$[\boldsymbol{E}] = \begin{bmatrix} E_1 - E_2 \\ \cdot \\ \cdot \\ E_i - E_{i+1} \\ \cdot \\ \cdot \\ E_n - E_{n+1} \end{bmatrix}$$

式中　Z_{ti}——第 i 个铁塔的阻抗，Ω；

　　　Z_{gi}——第 i 档架空地线的阻抗，Ω；

　　　I_{ti}——第 i 个铁塔中的电流，A；

　　　I_i——第 i 档架空地线中的电流，A；

　　　E_i——第 i 个铁塔上感应电动势，V。

在第 i 个铁塔中的电流

$$I_{ti} = I_i - I_{i-1}$$
$$I_{t(i+1)} = I_i - I_{i+1}$$

架空输电线路都有架空地线，应该用式（2-36）和式（2-37）计算多塔再次辐射的合成场强，再用式（2-23）或式（2-24）或式（2-25）计算示向度误差。

本章参考文献

[1] 鲁道夫 . 无线电测向技术 . 平良子，译 . 王崇厚，等 . 审校 . 西北电子电信技术研究所，1993.

[2] Rohde & Schwarz. *Radiomonitoring & Radiolocation Catalog*. 2016.

[3] P.J.D.Gething. *Radio Direction Finding and the Resolution of Multicomponent*

Wave Fields. 1978.

[4] S. 海金 . 谱分析的非线性方法 . 茅于海，译 . 1986.

[5] HENSOLDT South Africa: *GEW Product Presentation*, 2019.

[6] *PLATH: PRODUCT INFORMATION* 2016.

[7] 朱锦生 . 高压架空输电线对短波无线电测向、收信台（站）的影响 . 中国电机工程学会电磁干扰专业委员会 2008 年（珠海）年会论文集 .

3 架空输电线路再次辐射的电磁影响

本章讨论输电线路对中短波测向台（站）的再次辐射电磁影响问题。输电线路的杆塔和地线、导线均为金属导体，其对空间的电磁波产生电磁散射（再次辐射）。当输电线路附近有中短波测向台（站），线路散射的电磁波将影响电台测向的准确度。在实际工程中，通过规定输电线路和测向台之间的避让距离以保证测向台的正常工作。

3.1 计算模型

本节首先介绍线状导体采用矩量法计算电磁散射的一般方法，给出细线导体表面满足积分方程，讨论基于电磁位对的以导体轴线电流为未知量的矩量法方程。在此基础上，建立杆塔和架空地线的矩量法模型，以此得到杆塔和架空线的等值二端口模型；对于由地线相联的多杆塔散射的情况，为了减小求解规模，提出了矩量法 - 电路相结合的求解步骤。

本节所有表述均采用时谐量表述，其中时谐因子为 $\exp(j\omega t)$。假设大地为导电媒质，其表面为无限大平面。采用具有地面反射系数的镜像法处理大地的影响。

3.1.1 细线导体散射问题的矩量法简介

所谓细线导体是指导体长度远大于其截面直径的导体。对于细线导体，可以近似认为导体表面的电流分布仅是导体长度的函数，而不必考虑导体表面电流在其截面圆周方向的分布。对于由弯曲的细线导体形成的金属散射结构，首先将该结构划分成若干细线直线导体段。图 3-1 是一细线导体局部坐标和线段划分示意图。在图 3-1 中，这线段被划分为 6 单元，N_i 为细线段的节点编号，l_n 为线段编号；

按照细线假设的要求，对于任意单元 n，应满足 $l_n \gg r_n$，r_n 为单元横截面的半径。线段的一端为细线的原点，建立细线沿长度方向的坐标，其坐标变量为 l；导线的外表面记为 S，其单位法线矢量为 $\boldsymbol{n}$，单位切线为 t。设电流集中在细线的轴线上，第 n 单元中电流段微元 $I(l)\,\mathrm{d}l_n$ 与导体表面上任意点之间的距离为 R。

在第 m 单元导体段表面，电场强度切向边界条件可表述为：

$$\boldsymbol{n} \times \left[\boldsymbol{E}_m^{\mathrm{inc}}(l) + \boldsymbol{E}_m^{\mathrm{sc}}(l) \right] = Z_c I_m(l) t \tag{3-1}$$

式中 Z_c——单位长度导线的内阻抗，它可由导线表面阻抗除以导线横截面圆周长得出；

    $I_m(l)$——导线中的未知电流；

    $\boldsymbol{E}_m^{\mathrm{inc}}(l)$——入射场，为已知量；

    $\boldsymbol{E}_m^{\mathrm{sc}}(l)$——由导线中的感应电流产生的散射电场。

$\boldsymbol{E}_m^{\mathrm{sc}}(l)$ 可用电磁位对表示为：

$$\boldsymbol{E}_m^{\mathrm{sc}}(l) = -\mathrm{j}\omega A_m(l) - \frac{\mathrm{d}}{\mathrm{d}l}\Phi_m(l) \tag{3-2}$$

式（3-2）中，A_m、Φ_m 为第 m 段表面的矢量磁位和标量电位。

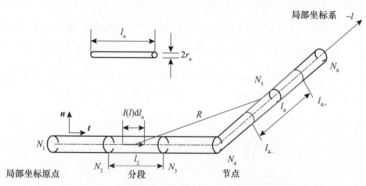

图 3-1   细线导体局部坐标与剖分示意图

边界条件是在导体表面施加的，为简化，将矢量都投影到导体表面进行，则所有的运算为标量运算。将式（3-2）代入式（3-1）中，并沿第 m 段表面做线积分，有

$$Z_c \int_{l_m} I_m(l_m)\,\mathrm{d}l_m + \mathrm{j}\omega \int_{l_m} A_m(l_m)\,\mathrm{d}l_m + \Phi(l_{m+}) - \Phi(l_{m-}) = \int_{l_m} E_m^{\mathrm{inc}}\,\mathrm{d}l_m \tag{3-3}$$

式中 l_m——第 m 段单元上长度方向的局部坐标变量；

l_{m+}、l_{m-}——第 m 段单元的左右端点。

细线导体 A_m-Φ_m 满足真空中的波动方程，其解答为：

$$A_m(l_m) = \sum_{n=1}^{N} \mu_0 \int_{l_n} I_n(l_n) \frac{\exp(-jkR_{mn})}{4\pi R_{mn}} dl_n \qquad (3\text{-}4)$$

$$\Phi_m(l_m) = \sum_{n=1}^{N} \frac{1}{\varepsilon_0} \int_{l_n} q_n(l_n) \frac{\exp(-jkR_{mn})}{4\pi R_{mn}} dl_n \qquad (3\text{-}5)$$

$$q_n(l_n) = -\frac{1}{j\omega} \frac{d}{dl} I_n(l_n) \qquad (3\text{-}6)$$

$$R_{mn} = \sqrt{l_m^2 + l_n^2} \qquad (3\text{-}7)$$

式中　l_n——第 n 段单元上长度方向的局部坐标变量；

　　　N——折线上的总单元数；

　　　k——自由空间平面电磁波的波数。

注意到式（3-2）是一个在导体表面任意点都成立的表达式，而式（3-3）对式（3-2）做线积分，这实质上要求式（3-2）在积分意义下成立即可。从数值方法的角度上讲，这属于求微分方程在解空间在权函数意义下的投影解，对式（3-3），其权函数为定义在单元上的矩形脉冲函数。

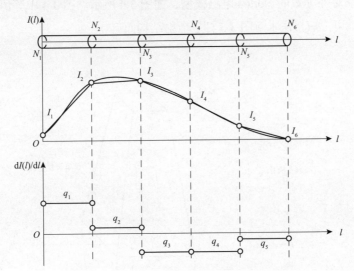

图 3-2　细线导体上电流和电荷分布示意图

若待解变量为导体轴线上的等效的电流，则式（3-3）为一积分方程，需采用数值解法予以求解。设散射电流沿导体分布如图 3-2 所示，将散射电流用折线替代，

输电线路与无线电台（站）的电磁影响

并设节点处电流 I_n 为待解量，则在每个单元中，电流分布为坐标变量 l 的直线方程，每个单元上的电荷正比于该直线的斜率，电流和电荷分布均可用节点处的 I_n 表示。

将假设的电流分布和电荷分布代入式（3-3）中，对各导体段列写相应的方程，则可形成关于节点处电流的线性代数方程。考虑导体端点处的边界条件和导体分叉点处的电流连续性条件，则可求解处个节点处的电流。

根据散射电流，应用式（3-2），可知空间任意场点处由于散射电流产生的电场强度。散射电场强度与激励电场叠加，即得空间中总电场强度。

3.1.2 杆塔的电磁散射模型

对于垂直极化电磁波，杆塔中散射电流主要在杆塔的垂直方向的导体中流动，因此，对于杆塔中水平方向的导体可以适当略去。为了进一步减小矩量法的计算负担，本文建立的杆塔电磁散射如图 3-3 所示。此模型的特点是考虑杆塔的四个主柱，杆塔的塔脚接地。由于特高压输电线路杆塔的横担较大，因此，在杆塔的顶部设置两根导体模型横担的散射效果。

在垂直极化电磁波激励下，如果考虑地线支架的端部和大地之间的端口，可以建立杆塔对外等效的 Norton 电路模型，如图 3-4 所示。图 3-4 中等值电流源和等值的导纳可由矩量法求解图 3-3 杆塔散射结构而得。

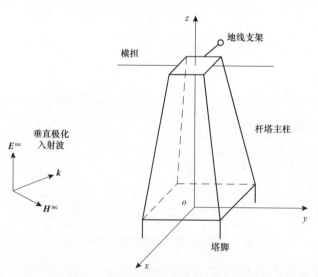

图 3-3　杆塔散射计算的几何模型

68

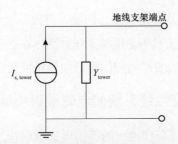

图 3-4 杆塔的 Norton 等效电路模型

3.1.3 架空地线的电磁散射模型

对于垂直极化的电磁波,水平方向的地线系统并不能产生垂直方向的散射电场。但是,地线连接杆塔,杆塔中的散射电流可能存在相位差,这样,借助地线系统,地线中会有电流流动。为了考虑地线对杆塔电流分布的影响,建立杆塔的电磁散射模型,如图 3-5 所示。

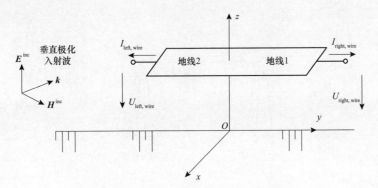

图 3-5 架空地线电磁散射的几何模型

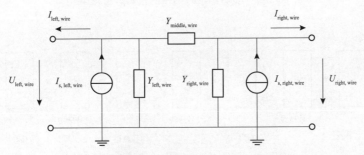

图 3-6 架空地线的等值有源二端口网络模型

对于直流线路，地线均逐塔接地，因此，可以将地线左右两侧的端点连接，从而构成一个二端口系统，其等值电路系统如图 3-6 所示，与图 3-4 类似，图 3-6 中的参数通过矩量法，在设置了对应的端口边界条件后获得。

3.1.4　杆塔 – 架空地线系统的电磁散射模型

图 3-4 和图 3-6 建立杆塔和地线的等值电磁散射模型，在此基础上，对于多杆塔-地线构成的电磁散射系统可用上述模型予以求解。设杆塔-地线系统如图 3-7 所示，将杆塔和地线均用等值电路等值，则图 3-7 对应的等值二端口网络系统如图 3-8 所示，T_n 表示杆塔等值网络，G_n 表示地线等值网络系统，子网络中详细电路模型可参见图 3-9。求解图 3-8 电路系统，可以得到端口的电压 $V_{\text{port}, n}$ 和端口电流 $I_{\text{port}, n}$。

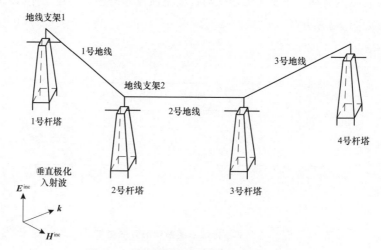

图 3-7　多杆塔地线网络的电磁散射模型

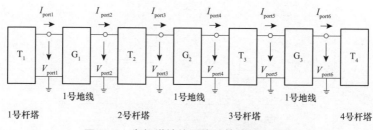

图 3-8　多杆塔地线网络的等值电路模型

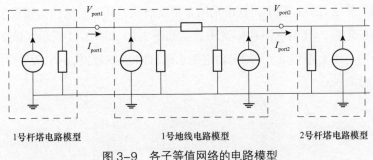

1号杆塔电路模型   1号地线电路模型   2号杆塔电路模型

图 3-9 各子等值网络的电路模型

3.1.5 杆塔 – 架空地线系统的对测向台电磁影响的计算步骤

总结杆塔 - 架空地线系统对测向台电磁影响的计算步骤：

步骤一：确定测向台（站）、输电线路的杆塔地理坐标，即图 3-6；确定每个杆塔的电磁散射模型和每档地线的电磁散射几何模型，即图 3-3 和图 3-5。

步骤二：采用矩量法，通过设置端口的边界条件，确定每个杆塔和每档架空地线的等值电流模型，即图 3-4 和图 3-6。

步骤三：确定杆塔 - 架空地线系统的等值电路系统，即图 3-7。求解该电路系统，可以得到端口电压和端口电流。

步骤四：根据步骤三确定的端口电流，对每个杆塔和每档地线以端口电流为激励电流，应用矩量法，可以确定杆塔和架空地线中散射电流的分布。

步骤五：根据步骤四确定的杆塔 - 架空地线系统的散射电流分布，计算散射电场。根据该散射电场，计算输电线路对中短波测向台站的测向角度误差。

3.2 计算模型的验证

3.2.1 矩量法验证

3.2.1.1 铁塔中等效电流分布

今将矩量法（MOM）数值解与解析解进行对比验证。铁塔的再次辐射主频率按塔呼高等于 1/4 波长考虑。在此频率情况下，再次辐射的场强最大，解析法计算模型中可视铁塔为一垂直导线天线。

本书矩量法计算过程中，铁塔采用金字塔形状，其主要结构为四根主柱加底部和顶部的边框，其侧视图和俯视图分别如图 3-10 和图 3-11 所示，该图中，原点位于塔中心线上地表点，x 轴沿输电线水平方向，y 轴沿其正交水平方向，z 轴垂直向上方向。

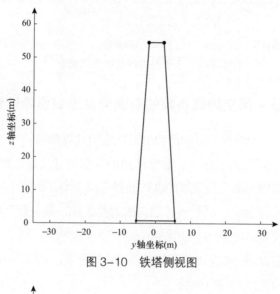

图 3-10 铁塔侧视图

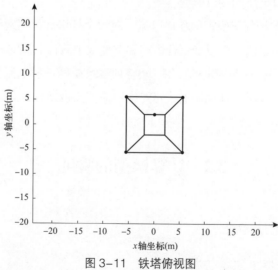

图 3-11 铁塔俯视图

主要参数：铁塔呼高 l_a=54m，入射电磁波波长 λ=4l_a=216m，入射波主频率 f=1.39MHz。

铁塔中 z 轴方向等效电流解析解为

$$I_a = \frac{Eh_a}{Z_a} \qquad (3\text{-}8)$$

式中　E——平面入射波电场强度幅值，入射波传播方向沿 y 轴，本算例中令

　　　　E=1mV/m，在原点其相位为 0；

　　　Z_a——输入阻抗；

　　　h_a——铁塔有效高度。

在该主频率下，有

$$h_a = \frac{\lambda}{2\pi} = \frac{2l_a}{\pi} \qquad (3\text{-}9)$$

若输入阻抗采用 $Z_a = 36.5 + j21.3\,\Omega$，则按照以上参数，根据式（3-8）计算出来的铁塔中等效电流的解析解为

$$I_a = \frac{Eh_a}{Z_a} = \frac{E\lambda}{2\pi Z_a} = 0.813\angle -30.3^\circ\,\mathrm{mA} \qquad (3\text{-}10)$$

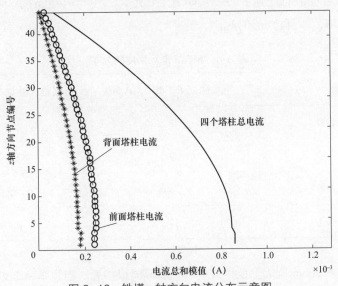

图 3-12　铁塔 z 轴方向电流分布示意图

而按照矩量法的数值解，在 $z \approx 0$ 波腹处，铁塔四根主柱 z 轴方向合成电流为

$$I_a = 0.860\angle -19.3^\circ\,\mathrm{mA} \qquad (3\text{-}11)$$

式（3-9）的计算结果和本文的计算结果之间模偏差为 5.8%。

如图 3-12 为本文计算出来的铁塔 z 轴方向的电流分布示意图，图中黑实线为

输电线路与无线电台（站）的电磁影响

铁塔四根主柱的合成电流，其他四条线为每根主柱中流过的电流。

3.2.1.2　远区反射波电场强度验证

远区反射波电场强度解析解为

$$E_{ref} = -j\omega A_z = -2\pi f\mu_0 I_a \frac{2h_a}{4\pi r} e^{-j2\pi\frac{r}{\lambda}}$$

$$= -j377\frac{I_a h_a}{\lambda r} e^{-j2\pi\frac{r}{\lambda}} = 377\frac{I_a}{2\pi r}\angle\left(\frac{\pi}{2}-\frac{2\pi r}{\lambda}\right) \quad （3\text{-}12）$$

式（3-12）中，主频率情况下 $h_a=\lambda/(2\pi)$，大地按理想导体处理。

若 $I_a = 0.813\angle -30.3° \text{mA}, r = 300\text{m}$，则

$$E_{ref} = 0.163\angle 99.7° \text{mV / m} \quad （3\text{-}13）$$

矩量法数值解为

$$E_{ref} = 0.177\angle 101° \text{mV / m} \quad （3\text{-}14）$$

根据式（3-13）和式（3-14），解析法和本文矩量法计算结果的模偏差为8.6%。

电场强度随波程距离 r 的关系如表3-1所示。当 $r > 100$m 时，每倍程衰减量约等于6dB，即符合 $1/r$ 的规律。

表 3-1　MOM 电场强度的分布

距离 r（m）	电场强度 E（dB）（μV/m）	倍程衰减量 $\varDelta$（dB）
200	48.3	—
400	42.5	5.8
800	36.6	5.9
1600	31.2	5.4

在距原点 300m 圆周上反射波电场强度幅值很接近。当频率为 1.39MHz 时，$\dfrac{E_{max}}{E_{min}} = 1.0047$，即 0.0407dB，显而易见，可忽略其方向性。

3.2.1.3　方向性验证

关于方向性验证，计算条件：地面上方竖有两根垂直细杆，组成天线阵，如图 3-13 所示。

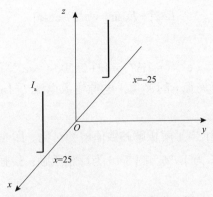

图 3-13　两根天线组成天线阵示意图

　　杆高各 25m，为 1/4 波长；杆距 50m，为半波长，位于 x 轴上 x=±25m 处；激励电源接各杆底，频率 3MHz，波长 100m；激励方式有两种：同相激励和反相激励。场点位于地表面上距原点 300m 远的圆周处。

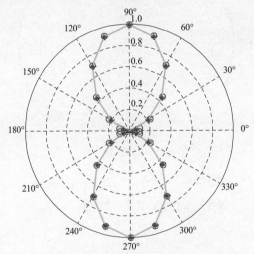

图 3-14　同相激励电场归一化方向图

绿线—解析解；红圈—数值解 r=300m；蓝星—数值解 r=1200m

解析解：同相位、同幅值激励，间距半波长

$$E=2E_0\cos[(\pi/2)\cos\phi]$$

反相位、同幅值激励，间距半波长 [2]

75

$$E=2\mathrm{j}\times E0\sin[（\pi/2）\cos\phi]$$

杆高 1/4 波长时，有

$$E_0=-\mathrm{j}377I_a/（2\pi r）\times \mathrm{e}^{-\mathrm{j}2\pi r/\lambda}=-\mathrm{j}377\times 1/（2\pi 300）\times \mathrm{e}^{-\mathrm{j}\pi 300/100}=\mathrm{j}0.2（\mathrm{mV/m}）$$

式中，ϕ 为 x 轴至矢径 r 间夹角，电源输入电流 I_a=1mA，程距 r=300m，波长 λ=100m。

图 3-14 和图 3-15 示出了解析解和数值解的对比。图 3-14 为同相激励；最强方向的电场强度模偏差为 1.7%。图 3-15 为反相激励；最强方向的电场强度模偏差为 3.5%。

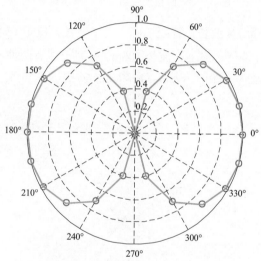

图 3-15 反相激励电场归一化方向图

绿线—解析解；红圈—数值解 r=300m

3.3 基于空间谱测向技术和合成电场的再次辐射分析

本章基于空间谱估计的测向技术对由输电线路反射回波引起的再次辐射进行分析，评估输电线路对无线电台（站）测向的影响。通过对具体实例进行仿真计算，得到输电线路对无线电台（站）的保护间距；并进一步分析输电线路铁塔尺寸、铁塔间档距等因素对无线电测向的影响。

本节主要内容包括：3.3.1 介绍基于空间谱估计进行测向的基本原理和典型算法；3.3.2 针对一个具体实例，计算再次辐射引起的测向误差，验证所使用测向算法的正确性；3.3.3 以某个实际线路为基础，通过计算，估计来波方向，求出角度误差，估计保护间距；3.3.4 在此基础上，分析输电线路铁塔尺寸、档距等对测向的影响。

3.3.1　空间谱测向算法

3.3.1.1　测向天线阵列信号模型

信号通过无线信道的传输过程非常复杂，为得到较为实用化的参数模型，需要对测向天线阵列及其接收信号做基本假设。关于理想测向天线阵列的假设为：①测向天线阵列是由位于空间已知坐标处的若干个天线按照一定的结构排列而形成的；②阵元的接收特性仅仅与其位置有关，而与尺寸无关；③测向天线是全向天线，各个阵元的复增益均相等，并且相互之间的耦合效应忽略不计；④阵元接收信号所产生的噪声服从零均值复高斯分布，并且不同阵元上的噪声统计独立，且噪声与信号也是统计独立的。关于信号模型的假设为：①信号的传播介质是均匀且各向同性的，即信号在介质中按照直线传播；②阵列天线位于目标辐射源的远场中，所以信号到达阵列时可以看作是一束平行的平面波；③空间信号达到阵列各阵元上的不同延时可以由阵列的几何结构和信号的来向所决定。

在以上假设下，考虑对测向天线接收到的窄带信号进行建模。所谓窄带信号，是指相对于信号的载波频率而言，信号复包络的带宽很窄（即变化缓慢），信号的调制部分在各个天线阵元间所产生的波程差可以忽略。从信号形式看，假设窄带信号到达某一阵元的复包络为

$$s(t) = u(t)e^{j[\omega_0 t + \varphi(t)]}$$

其中 ω_0 代表载波频率，$u(t)$ 和 $\varphi(t)$ 为调制幅度和相位，则该信号经过时延 t 到达另一阵元，相应的复包络应满足

$$s(t - \tau) = u(t - \tau)e^{j[\omega_0(t-\tau)+\varphi(t-\tau)]} \approx u(t)e^{j[\omega_0(t-\tau)+\varphi(t)]} = s(t)e^{-j\omega_0\tau}$$

对于如图 3-16 所示 M 元圆形天线阵列，假设有 K 个远场窄带信号（中心频率均为 ω_0）入射至该阵列，其中第 k 个信号的方位角和仰角分别为 θ_k 和 β_k。基于以上讨论可知，第 m 个阵元的输出响应可以表示为

$$x_m(t) = \sum_{k=1}^{K} s_k(t) e^{-j\omega_0 \tau_m(\theta_k, \beta_k)} + n_m(t) \tag{3-15}$$

其中 $s_k(t)$ 表示第 k 个信号达到相位参考点的复包络，$\tau_m(\theta_k, \beta_k)$ 表示第 k 个信号到达第 m 个阵元时相对相位参考点的时延，$n_m(t)$ 表示第 m 个阵元上的复高斯随机噪声。

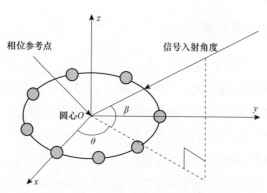

图 3-16　圆形天线阵列示意图

若分别记

$$\begin{cases} \boldsymbol{x}(t) = \left[x_1(t), x_2(t), \cdots, x_M(t) \right]^T \\ \boldsymbol{n}(t) = \left[n_1(t), n_2(t), \cdots, n_M(t) \right]^T \\ \boldsymbol{s}(t) = \left[s_1(t), s_2(t), \cdots, s_K(t) \right]^T \end{cases}$$

则式（3-15）可以表示为如下矩阵形式

$$\begin{aligned} \boldsymbol{x}(t) &= \begin{bmatrix} e^{-j\omega_0 \tau_1(\theta_1, \beta_1)} & e^{-j\omega_0 \tau_1(\theta_2, \beta_2)} & \cdots & e^{-j\omega_0 \tau_1(\theta_K, \beta_K)} \\ e^{-j\omega_0 \tau_2(\theta_1, \beta_1)} & e^{-j\omega_0 \tau_2(\theta_2, \beta_2)} & \cdots & e^{-j\omega_0 \tau_2(\theta_K, \beta_K)} \\ \vdots & \vdots & \vdots & \vdots \\ e^{-j\omega_0 \tau_M(\theta_1, \beta_1)} & e^{-j\omega_0 \tau_M(\theta_2, \beta_2)} & \cdots & e^{-j\omega_0 \tau_M(\theta_K, \beta_K)} \end{bmatrix} \boldsymbol{s}(t) + \boldsymbol{n}(t) \\ &= \begin{bmatrix} \boldsymbol{a}(\theta_1, \beta_1) & \boldsymbol{a}(\theta_2, \beta_2) & \cdots & \boldsymbol{a}(\theta_K, \beta_K) \end{bmatrix} \boldsymbol{s}(t) + \boldsymbol{n}(t) = \boldsymbol{A}(\theta, \beta) \boldsymbol{s}(t) + \boldsymbol{n}(t) \end{aligned}$$

$$\tag{3-16}$$

式中 $\boldsymbol{A}(\theta, \beta) = \begin{bmatrix} \boldsymbol{a}(\theta_1, \beta_1) & \boldsymbol{a}(\theta_2, \beta_2) & \cdots & \boldsymbol{a}(\theta_k, \beta_k) \end{bmatrix}$ 表示阵列流形矩阵，其中

$$\boldsymbol{a}(\theta_k, \beta_k) = \begin{bmatrix} e^{-j\omega_0 \tau_1(\theta_k, \beta_k)} & e^{-j\omega_0 \tau_2(\theta_k, \beta_k)} & \cdots & e^{-j\omega_0 \tau_M(\theta_k, \beta_k)} \end{bmatrix}^T \tag{3-17}$$

表示对应于第 k 个信号的阵列流形向量。对于圆形阵列，通常将相位参考点

设置在阵列圆心，此时$a(\theta,\beta)$具体表达式为

$$a(\theta,\beta) = \begin{bmatrix} \exp\left[\,j2\pi r\cos\beta\cos(\theta-\phi_0)/\lambda\,\right] \\ \exp\left[\,j2\pi r\cos\beta\cos(\theta-\phi_1)/\lambda\,\right] \\ \vdots \\ \exp\left[\,j2\pi r\cos\beta\cos(\theta-\phi_{M-1})/\lambda\,\right] \end{bmatrix} \tag{3-18}$$

其中 r/λ 表示圆阵半径与信号波长的比值，ϕ_m 为阵元在圆周上相对 x 轴方位角，对于均匀圆阵有 $\phi_m=2\pi m/M$（$0 \leqslant m \leqslant M-1$）。

3.3.1.2 阵列方向图

所谓阵列方向图是指阵列输出响应与信号来波方向之间的函数关系。对于阵元输出 $x=[x_1,x_2,\cdots,x_M]^T$，记各阵元的复权重为

$$w = \left[w_1(\theta,\beta),w_2(\theta,\beta),L\cdots,w_M(\theta,\beta)\right]^T$$

则阵列方向图一般形式为

$$G(\theta,\beta) = \sum_{m=1}^{M} x_m w_m(\theta,\beta)$$

在单信号存在条件下，为了将阵列的输出主波束对准某一方向，阵元的权值可设为所指方向的阵列流形向量的复共轭。对于圆形天线阵列，由式（3-18）可知，此时阵列方向图表达式为

$$G(\theta,\beta) = a^H(\theta,\beta)x = \sum_{m=1}^{M} x_m \exp\left[-j2\pi r\cos\beta\cos(\theta-\phi_m)/\lambda\right] \tag{3-19}$$

从形式上看，式（3-19）是对阵列输出沿方向角（θ）和仰角（β）方向做二维空域傅里叶变换。针对式（3-19），进一步定义

$$G_1(\theta) = \max_{\beta}\left|G(\theta,\beta)\right| \tag{3-20}$$

$$G_2(\beta) = \max_{\theta}\left|G(\theta,\beta)\right| \tag{3-21}$$

并令

$$\hat{\theta} = \arg\max_{\theta} G_1(\theta) \tag{3-22}$$

$$\hat{\beta} = \arg\max_{\beta} G_2(\beta) \tag{3-23}$$

则在单一信号条件下，若不考虑噪声，以上估计值 $\hat{\theta}$ 和 $\hat{\beta}$ 将分别对应来波的真实方向角和仰角。

3.3.1.3 基于数字波束形成的测向方法

在无噪声条件下，式（3-19）~式（3-23）清晰阐释了基于天线阵列进行波束形成实现测向的基本原理。在实际工程应用中，需要考虑噪声的影响，其中两种较为典型的波束形成测向方法，分别称为"延时—相加法"和"Capon 最小方差法"。

延时—相加法进行测向的估计准则表示为

$$\{\hat{\theta},\hat{\beta}\} = \arg\max_{\{\theta,\beta\}} \boldsymbol{a}^H(\theta,\beta)\boldsymbol{R}_{xx}\boldsymbol{a}(\theta,\beta) \tag{3-24}$$

其中 $\boldsymbol{a}(\theta,\beta)$ 为阵列流形向量，$\boldsymbol{R}_{xx} = E\{\boldsymbol{x}(t)\boldsymbol{x}^H(t)\}$ 为阵列输出自相关矩阵。Capon 最小方差法的估计准则表示为

$$\{\hat{\theta},\hat{\beta}\} = \arg\min_{\{\theta,\beta\}} \boldsymbol{a}^H(\theta,\beta)\boldsymbol{R}_{xx}^{-1}\boldsymbol{a}(\theta,\beta) \tag{3-25}$$

在实际计算中阵列输出自相关矩阵 $\boldsymbol{R}_{xx}$ 无法获知，只能利用有限样本获得其最大似然估计。假设共有 N 个数据样本可以使用，则 $\boldsymbol{R}_{xx}$ 估计值计算为

$$\hat{\boldsymbol{R}}_{xx} = \frac{1}{N}\sum_{n=1}^{N}\boldsymbol{x}(t_n)\boldsymbol{x}^H(t_n) \tag{3-26}$$

式（3-24）延时—相加法计算简便，但当存在多个信号时，该方法受波束宽度和旁瓣高度限制，其角度分辨率较低。相较而言，式（3-25）Capon 最小方差法具有更高角度分辨率，但计算量较大。

3.3.1.4 超分辨率 MUSIC 测向算法

传统的无线电测向算法（如基于波束形成机理）数学原理并不复杂，计算过程也较为简单直观，但这些算法测向精度和角度分辨率都存在较大提升空间。现代超分辨率测向是在 20 世纪 70 年代末开始发展起来的，其中最有代表性的是多重信号分类（Multiple Signal Classification，MUSIC）算法，该算法不仅在参数估计方差上可以渐近逼近相应的克拉美罗界，而且其角度分辨能力也可突破传统的"瑞利限"（即天线孔径大小决定的最大分辨率）的制约。

MUSIC 算法基本原理是通过对阵列输出自相关矩阵进行特征量分解获得两种相互正交的子空间（分别称为信号子空间和噪声子空间），并利用信号方位对应的阵列流形向量与噪声子空间相互正交这一性质估计信号方位。常用的改进 MUSIC 算法基本步骤如下：

（1）对阵元序列 $\{x_i(t)\}$ 计算自相关矩阵

$$R_{xx}(i,j) = E\left\{x_j^*(t)x_i(t)\right\}, \quad \hat{R}_{xx} = \frac{1}{N}\sum_{n=1}^{N}x(t_n)x^H(t_n)$$

（2）对 $\boldsymbol{R}_{xx}$ 进行特征值分解

$$\hat{\boldsymbol{R}}_{xx} = \boldsymbol{U}\sum\boldsymbol{U}^H$$

其中

$$\sum = diag(\lambda_1,\cdots,\lambda_p,\sigma_n^2,\cdots,\sigma_n^2), \quad \boldsymbol{U} = \left[\boldsymbol{S}\vdots\boldsymbol{V}\right]$$

$$\boldsymbol{S} = [\boldsymbol{s}_1,\cdots,\boldsymbol{s}_p] = [\boldsymbol{u}_1,\cdots,\boldsymbol{u}_p], \quad \boldsymbol{V} = [\boldsymbol{v}_1,\cdots,\boldsymbol{v}_{m-p}] = [\boldsymbol{u}_{p+1},\cdots,\boldsymbol{u}_m]$$

（3）计算 MUSIC 谱

$$G(\theta,\beta) = \frac{\boldsymbol{a}^H(\theta,\beta)\hat{\boldsymbol{U}}\boldsymbol{a}(\theta,\beta)}{\boldsymbol{a}^H(\theta,\beta)\boldsymbol{V}\boldsymbol{V}^H\boldsymbol{a}(\theta,\beta)}, \quad \hat{\boldsymbol{U}} = \sigma_n^2\sum_{k=1}^{p}\frac{\lambda_k}{(\sigma_n^2-\lambda_k)^2}\boldsymbol{s}_k\boldsymbol{s}_k^H$$

MUSIC 算法进行测向的估计准则表示为

$$\{\hat{\theta},\hat{\beta}\} = \arg\max_{\{\theta,\beta\}}\frac{\boldsymbol{a}^H(\theta,\beta)\hat{\boldsymbol{U}}\boldsymbol{a}(\theta,\beta)}{\boldsymbol{a}^H(\theta,\beta)\boldsymbol{V}\boldsymbol{V}^H\boldsymbol{a}(\theta,\beta)} \tag{3-27}$$

3.3.2　再次辐射引起测向误差分析

3.3.2.1　分析方法

分析输电线路对无线电测向站的影响，主要考察输电线路铁塔和线路产生的无线电回波引起的测向误差。本书面向 3M ~ 30MHz（短波）测向频段。在具体分析中，假设某个频率存在单个远场信号，测向站在对该频率来波进行测向时，同时受到邻近输电线路对该来波进行反射的回波干扰。通过对该过程进行数值仿真，分析输电线路回波干扰引起的测向误差。

记天线阵列第 m 个阵元接收到自由空间传播的复包络来波信号为 $s_m(t)$，该阵元接收到的输电线路回波干扰信号为 $\Delta s_m(t)$，则该阵元输出信号 $x_m(t)$ 可表示为

$$x_m(t) = s_m(t) + \Delta s_m(t) + n_m(t) \tag{3-28}$$

其中 $n_m(t)$ 为随机噪声。

对同一来波，在无噪声情况，选用阵列方向图算法，在含噪声情况，选用为延时—相加法和 MUSIC 算法，分别对自由空间和含回波干扰两种情况进行测向，比较两种情况下测向误差，由此定量分析输电线对测向精确度的影响。

3.3.2.2　算例分析

重点分析的仿真案例坐标位置示意图如图 3-17 所示，图中天线阵列为均匀圆

阵, 孔径为 120m, 阵元数量 M=20。仿真输电线路包含 5 座铁塔, 关于 x 轴对称分布, 相邻铁塔相距 520m, 输电线路仿真参数如表 3-2 所示, 同时设置输电线路走廊距天线阵列圆心 D=100m。

表 3-2　输电线路仿真参数

参数	具体数值
几何尺寸	铁塔高 h=78m, 底座边长（和 x 轴平行）a=17.5m, 底座边长（和 y 轴平行）b=17.5m, 顶边长（和 x 轴平行）c=4.8m, 底座边长（和 y 轴平行）d=4.8m, 铁塔杆件直径 0.05m。2 条架空地线直径 0.04m, 高 60m, 相距 4m
电气参数	铁塔电导率 1.0256×10^7S/m, 相对磁导率 50, 铁塔接地电阻 15Ω。架空地线电导率 3.0×10^7S/m（铝）, 相对磁导率 50

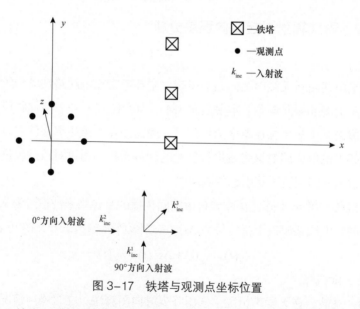

图 3-17　铁塔与观测点坐标位置

　　图 3-18 给出了当来波频率 f_0=3MHz, 方位角 θ_0=60°, 仰角 β_0=15° 时, 天线阵列在某一时刻接收到的自由波和合成波（自由来波 + 输电线路回波）信号。从图 3-18（a）信号包络值可以看出, 由于输电线路铁塔距离很近, 输电线路走廊产生的回波造成天线接收信号发生较为严重的畸变。

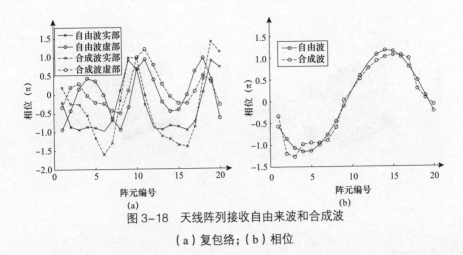

图 3-18 天线阵列接收自由来波和合成波

（a）复包络；（b）相位

对图 3-18 阵列接收信号（无噪声），分别计算自由来波和合成波的二维阵列方向图（方位角搜索范围 0° ~ 360°，仰角 0° ~ 45°），具体结果在图 3-19 中给出。从图 3-19（a）和（b）可以看出，合成波与自由波二维阵列方向图对比，二者总体形状较为接近，但峰谷形状有一定差异。图（c）和图（d）具体绘制了仰角 β=15°（即真实仰角）的阵列方向图切面图，图中波束的主瓣指向应作为方位角估计值。可以看到，对于自由波，其主瓣正好指向方位角真实值 θ=60°，而合成波主瓣值向与真实值略有偏离。图（e）和（f）分别绘制了 G_1[式（3-20）]和 G_2[式（3-21）]函数曲线，根据函数峰值点确定来波方向，自由波估计结果为（$\hat{\theta}$=60°，$\hat{\beta}$=15°），合成波估计结果为（$\hat{\theta}$=62.2°，$\hat{\beta}$=24.5°）。可见在输电线干扰下，仰角估计无效（偏差太大），方位角估计有效，但有 2.2° 偏差。

在阵列接收信号中加入一定数量噪声，由 MUSIC 算法进行测向估计。设置阵列信道接收机窄带中频输出采样频率为 1kHz，来波中频输出对应频率为 25Hz，自由来波与噪声信噪比为 20dB，MUSIC 算法中计算自相关矩阵样本数为 N=500。设置信号个数 p=1，图 3-20 给出了由 MUSIC 算法对自由波和合成波进行测向估计的计算结果。从图 3-20（a）、（b）可以看出，在输电线回波干扰下，二维 MUSIC 谱从尖锐的单峰变成具有一定宽度（仰角方向扩展更显著）主瓣峰，且峰值位置发生偏移。图 3-20（c）、（d）清晰展示了方向角的偏移。图 3-20（e）、（f）给出了测向具体数值，该结果与无噪声条件下阵列方向图法数值完全一致，即自由波估计结果为（$\hat{\theta}$=60°，$\hat{\beta}$=15°），合成波估计结果为（$\hat{\theta}$=62.2°，$\hat{\beta}$=24.5°）。该数值与阵列方向图得到结果完全一致。

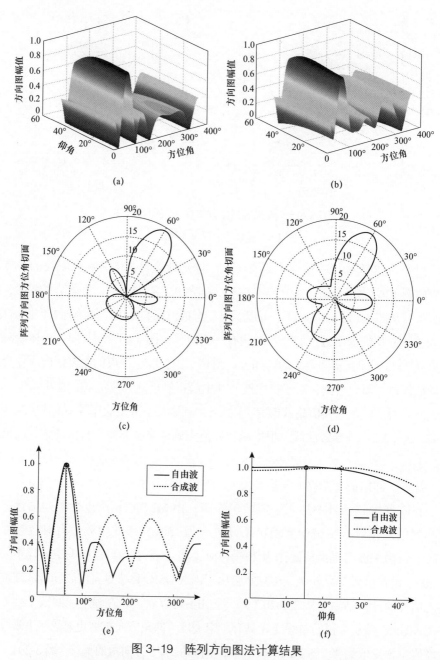

图 3-19　阵列方向图法计算结果

（a）自由波二维阵列方向图；（b）合成波二维阵列方向图；（c）自由来波方向图切面
（$\beta=15°$）；（d）合成波方向图切面（$\beta=15°$）；（e）G1 曲线；（f）G2 曲线

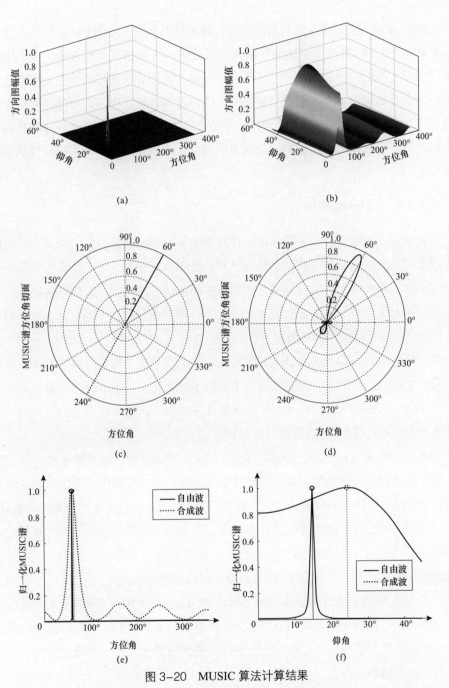

图 3-20　MUSIC 算法计算结果

（a）自由波二维归一化 MUSIC 谱；（b）合成波二维归一化 MUSIC 谱；（c）自由波 MUSIC
谱切面（$\beta=15°$）；（d）合成波 MUSIC 谱切面（$\beta=15°$）；（e）G1 曲线；（f）G2 曲线

当来波频率和来波方向取其他值时，对无噪声条件下阵列方向图算法和含噪声条件下 MUSIC 算法所得的测向结果进行比较。大量仿真试验表明，这二者所得测量误差高度一致。实际上，无噪声下阵列方向图算法所得的误差为输电线路影响所引起的测量偏差。以上结果表明，该测量偏差被实际测向所使用的高性能算法（如 MUSIC 算法）所完全继承。因此，在分析输电线路对测向站的具体影响时，只需计算输电线路影响引起的测向偏差，将该偏差值作为指标，评估影响的大小。

3.3.3　保护间距估计

根据上一节结论，本节将以输电线路影响引起的测向偏差作为指标，评估输电线路对测向站测向的影响。本节将针对天线和铁塔相关设置，计算在不影响测向站正常工作条件下，输电线路必需的保护间距。具体而言，若输电线路距离测向站（即天线中心）超过某个距离（即图 3-45 中输电线路的 x 轴坐标）时，对短波段内任意频率（3M～30MHz）、任意方向（方位角 0°～360°，仰角 0°～45°）来波，输电线路影响引起的最大方向角测向偏差低于某个阈值，则认为该距离位于保护间距内。实际上，测向偏差与来波频率密切相关，本节将针对偏差阈值为 0.5°和 1°两种情况，给出最小保护间距计算结果。输电线路引起的测向偏差可由阵列方向图法或 MUSIC 算法计算得到。

表 3-3 列出当来波频率 f_0=3M、5M、10M、30MHz 时，随着输电线路与天线阵列距离变化，方位角测量偏差的计算结果。从结果可以看出，干扰引起的测向偏差随着输电线路与天线距离增大，和信号频率增高，总体上在单调减小。另外，不同角度入射波对应的测量偏差并不相同，以 3MHz 计算结果看，入射波与输电线路接近平行时（方位角 70°～80°），输电线路引起的偏差最大；当入射波与输电线路垂直时（方位角为 0°），输电线路引起的偏差最小。

图 3-21 给出了来波频率为 3M、5M、10MHz 和 30MHz 四种情况下，考虑不同来波方向（仿真中设置仰角 0°～30°，方位角 0°～90°）所得到的最大测向偏差随天线与输电线路距离的变化曲线。根据该曲线，得到不同来波频率下输电线路保护间距，在表 3-4 中列出。

表 3-3 方位角测量偏差计算结果

来波频率	输电线路距离	方位角测量偏差
$f_0=3\mathrm{MHz}$	$D=100\mathrm{m}$	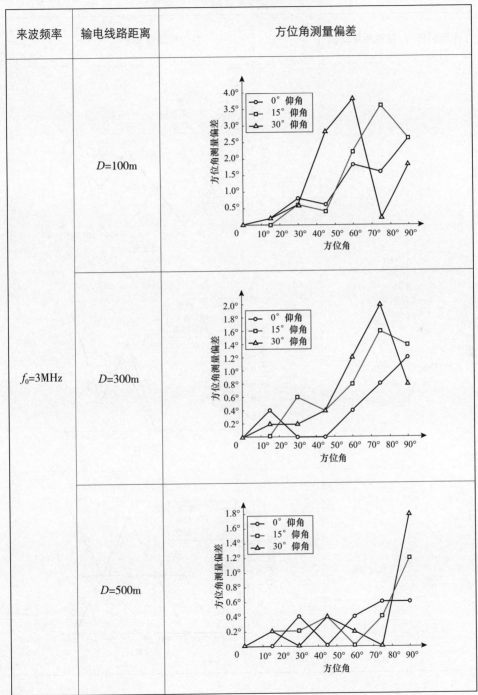
	$D=300\mathrm{m}$	
	$D=500\mathrm{m}$	

续表

来波频率	输电线路距离	方位角测量偏差
$f_0=3\text{MHz}$	$D=600\text{m}$	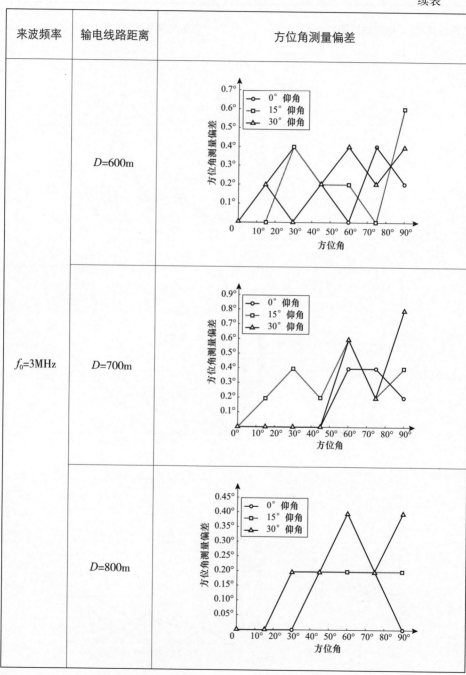
	$D=700\text{m}$	
	$D=800\text{m}$	

续表

来波频率	输电线路距离	方位角测量偏差
$f_0=5\text{MHz}$	$D=100\text{m}$	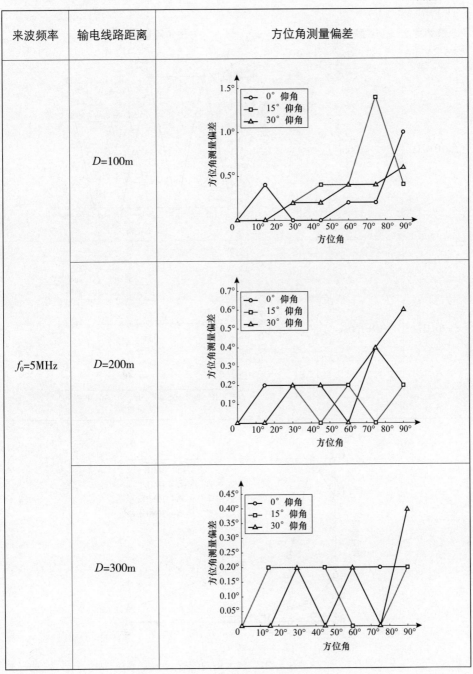
	$D=200\text{m}$	
	$D=300\text{m}$	

续表

来波频率	输电线路距离	方位角测量偏差
$f_0=10\text{MHz}$	$D=100\text{m}$	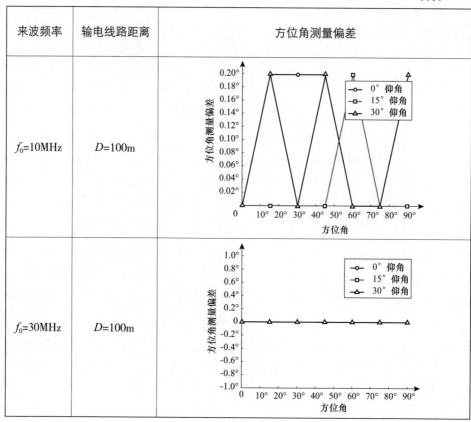
$f_0=30\text{MHz}$	$D=100\text{m}$	

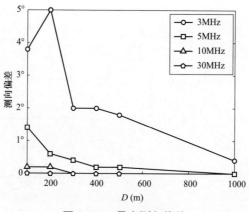

图 3-21　最大测向偏差

表 3-4　保护间距

来波频率	保护间距（偏差低于 1°）	保护间距（偏差低于 0.5°）
3MHz	≥ 600m	≥ 800m
5MHz	≥ 200m	≥ 300m
10MHz	≥ 100m	≥ 100m

3.3.4　铁塔参数对测向误差的影响

本节通过仿真计算进一步分析输电线路铁塔尺寸和铁塔之间的档距对测向误差的影响。考虑如表 3-5 列出的四种铁塔，其电气参数和几何尺寸含义与表 3-2 相同。另外设置铁塔之间档距分别为 750、500m 和 250m。

表 3-5　四种类型铁塔尺寸

编号	几何尺寸
类型 1	h=80m，$a=b$=18m，$c=d$=4.8m，地线高 70m
类型 2	h=60m，$a=b$=13.5m，$c=d$=3.6m，地线高 50m
类型 3	h=40m，$a=b$=9m，$c=d$=2.4m，地线高 30m
类型 4	h=20m，$a=b$=4.5m，$c=d$=1.2m，地线高 10m

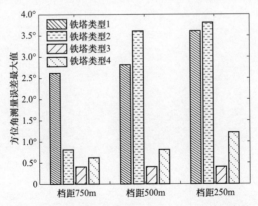

图 3-22　不同铁塔类型和档距下最大测向偏差

设输电线路与天线距离为 200m，对频率为 3MHz 的来波，仿真计算得到最大测向误差（设置仰角 0 ～ 30°，方位角 0 ～ 90°）在图 3-22 中列出。从图 3-21 结果可以看出，铁塔类型和档距大小对测量偏差有显著影响，总体而言，铁塔越高（回波发射面大）、档距越小（铁塔越密集），回波引起的干扰越大，由此引起的测向误差也越大。

3.3.5　结语

基于空间谱测向算法对输电线路再次辐射场引起的短波测向误差进行分析和评估，并粗略估计输电线路对短波测向站的保护间距，得到主要结论如下：

（1）输电线路辐射场对短波测量的影响主要表现为方位角估计值出现系统偏差，该偏差值可由阵列方向图法处理无噪声阵元数据，或 MUSIC 算法处理较低噪声下阵元采样序列精确得到。

（2）测向偏差与输电线路距离测向站距离和来波频率密切相关，输电线路距离测向站越远，来波频率越高，则测量偏差越小。这也意味着，在相同的偏差允许阈值下，来波频率越高，所需的保护间距越短。

（3）铁塔尺寸和档距对测向偏差大小也有重要影响，总体而言，铁塔尺寸越大，引起的辐射场越强，造成的偏差也越大；档距的影响较为复杂，总体趋势也是档距越小，造成的偏差越大。

（4）现场模拟试验验证了基于圆形天线阵列的 MUSIC 算法的有效性和准确性。

4　架空输电线路电晕电流的电磁影响

架空输电线路除了再次辐射对无线电台（站）产生电磁影响外，其自身电晕放电产生的无线电干扰也会对无线电信号的接收产生影响。本章将介绍架空输电线路的电晕效应、电晕无线电干扰的特性以及对无线台（站）收信的电磁影响计算方法。

4.1　电晕效应

4.1.1　架空线路的电晕放电现象

高压架空输电线路正常运行时，导线附近存在电场，空气中存在大量自由电子，这些电子在电场作用下会受到加速，撞击气体原子。自由电子的加速程度随着电场强度的增大而增大，自由电子在撞击气体原子前所积累的能量也随之增大。如果电场强度达到气体电离的临界值，自由电子在撞击前积累的能量足以从气体原子撞出电子，并产生新的离子，此时在导线附近的小范围内的空气开始电离，如果导线附近电场强度足够大，以致气体电离加剧，将形成大量电子崩，产生大量的电子和正、负离子。电子在空气中与氮、氧等气体原子发生弹性碰撞，使原子受到激发，转变到较高的能量状态，随后，受激发的原子可能变回到正常状态，在这一过程中会释放能量。电子也可能与正离子碰撞，使正离子转变为中性原子，这种过程称为复合，也会放出多余的能量。伴随着电离、复合等过程，会辐射出大量光子，在黑暗中可以看到在导线附近空间有蓝色的晕光，同时还伴有"咝咝"声，这就是电晕现象[1]。

按照放电的强度，电晕放电可分为两种情况：当外施电压较低、电晕放电较弱时，电晕放电具有均匀、稳定的性质，属于碰撞电子崩性质游离放电；当外施电压较高、电晕放电较强时，则转变为不均匀、不稳定的流注性质的放电。同时电晕放电具有明显的极性区别，正极性和负极性电极附近的电晕放电过程及表现出的电晕电流特性存在差别。当电晕极为正时，电子崩是从电晕边界开始向电极发展的。电子崩头部的自由电子将很快进入电晕极，留在电子崩后部的迁移率低的正离子可以起到扩大场强区的作用。当电晕极为负时，由于电子崩是从电极表面开始向外发展的，靠近电极的是迁移率低的正离子，它可以把场强区限制在电极附近较小的范围。所以，正极性电晕的电晕区比负极性电晕的大。

4.1.2 电晕效应

气体中的电晕放电具有下列几种效应：

（1）伴随着电离、复合等过程而有声、光、热等效应，表现为发出"嗞嗞"的声音、蓝色的晕光以及使周围气体温度升高等。

（2）电晕放电会产生能量损耗，在某些情况下，会达到可观的程度。

（3）电晕会产生高频脉冲电流，其中还包含着许多高次谐波，会对相应频率的无线电信号接收产生影响。

（4）电晕会发出人可听到的噪声，对人们会造成生理、心理上的影响。

（5）在尖端或电极的某些突出处，电子和离子在局部强场的驱动下高速运动，与气体分子交换动量，形成"电风"。机械、电气设计参数配合不佳的输电线路在不良气候下发生电晕时，对"电风"反作用力的积累，会使某些档距内的导线作持续的大幅度的低频舞动。

（6）电晕放电会产生某些化学反应，如在空气中产生臭氧、一氧化氮和二氧化氮等。

4.1.3 交、直流输电线路电晕的区别

4.1.3.1 直流架空线路电晕

直流电晕放电具有明显的极性效应，由于电场中正离子的迁移速度比电子的小得多，故形成有规则的重复电流脉冲的机制比负电晕时弱得多，这使得正电晕与负电晕出现明显差别[2]。

当负极导线电压升到一定值，平均电流接近微安级时，出现有规律的重复电流脉冲；当电压继续升高时，电流脉冲幅值基本不变，但频率增高，平均电流也

相应增大；当电压再升高时，电晕电流失去了高频脉冲的性质而转成持续电流，其平均值仍随电压升高而增大；电压再进一步升高时，出现幅值大得多的不规则的电流脉冲（流注性电晕电流）。

正极导线的电晕电流也具有重复脉冲的性质，但没有规则。当电压和平均电流增大时，电流的脉冲特性变得越来越不显著，以致基本上转变为持续电流。当电压继续升高时，就出现幅值大得多的不规则的流注性电晕电流脉冲。

4.1.3.2　交流架空线路电晕

相导线的交流电晕放电不同于直流极导线的电晕放电，在正半周期时电晕产生的正离子，并不会漂远去，而是在负半周期时，被拉回到导线附近，因此不会形成带电粒子聚集区，也不存在三相导线正负极不同的电晕效应。

4.1.4　影响架空线路电晕放电水平的主要因素

4.1.4.1　导线表面状况

影响导线表面状况的有外在和内在两大类因素。外在因素主要有空中降落的物质，如昆虫、灰尘、蜘蛛网、植物、树叶、鸟粪等。这些外来物附在导线上后，会影响导线表面场强分布，使局部场强增大，成为电晕源点。内在因素主要有新导线上的油脂、导线碰伤以及导线上的残留金属凸出物，一些新金具和新导线上的小毛刺等。这类因素可能会成为新线路的电晕放电点。

4.1.4.2　导线附近的质点

当小的外部质点，如雪花、雨滴和灰尘等，经过导线附近时引起导线对质点放电，也会发生电晕放电。

对于交流线路，当质点临近导线时，会引起局部电场畸变，由于电场感应作用，质点发生极化，即质点面向导线和背向导线的两面感应不同的电荷。当质点未与导线接触时，质点面向导线的一面感应的电荷极性与导线上的相反，这种电荷使质点与导线之间的电场强度增加而引起放电。质点通过放电路径触及导线的瞬间，导线向质点充电，该质点便带有与导线相同极性的电荷，因为同性电荷互相排斥，该质点又迅速离开高电场区域。如此反复，可形成连续的电晕放电现象。

对于直流线路，由于静电吸附作用，直流导线附近的质点会被吸附到导线表面，通过影响导线表面状况，影响电晕强度。

4.1.4.3 导线上的水滴

雨水在导线上的流动状况以及形成的水滴都直接影响导线表面电场。特别是水滴，会使表面电场发生较大畸变，使局部表面电场增强，电晕源点增多，电晕放电强度增加。雨、雪、雾等一般增加 10 ~ 20dB。

4.1.4.4 空气密度和大气条件

相对空气密度和气象状况直接影响导线表面起晕临界场强。相对空气密度增加，提高了电晕起始电场强度，进而使电晕放电水平降低。相对空气密度增量为 ±4dB。

在高海拔地区，由于相对空气密度较小，因此在相同的导线结构和电压下，其电晕放电较低海拔地区要严重得多。无线电干扰场强的海拔修正见 4.2.2 节。

大气条件（湿度、风等）也对导线上电晕源的性质有影响。干燥情况下的电晕放电比潮湿情况下（无水滴）的还较严重。有风时，负半周产生的空间电荷容易被吹掉，这使得正极性流注更活跃；而无风时，该空间电荷将减弱电晕源的表面电位梯度，从而对正极性流注的形成具有抑制作用。相对湿度增量大约 ±2dB，风速 0 ~ 3m/s 增量为 3dB 左右。

4.1.5 起晕场强和皮克公式

起晕场强指的是导线表面发生电晕的临界场强。美国工程师 F.W.Peek 对输电线路的电晕现象进行了一系列的实验研究，总结出一套经验公式，如导线表面的起晕场强、导线起晕电压、起晕导线的功率损耗等 [3]。由皮克公式求得光滑导线的临界起晕场强为

$$E_0 = 30.3 m_1 m_2 \delta \left(1 + \frac{0.3}{\sqrt{r_0 \delta}} \right) \tag{4-1}$$

式中　m_1——导线表面粗糙系数，对于表面平滑的非绞合曲线，其值为 1，否则小于 1；

　　　m_2——气象系数，对于不同的气象情况，m_2 约为 0.8 ~ 1.0；

　　　δ——空气的相对密度，主要与海拔有关，在海拔 0m 处，可近似等于 1；

　　　r_0——导线半径，cm。

根据我国电力相关标准规程规定，导线表面最大场强 E 一般应满足小于 0.8 ~ 0.85E_0（临界起晕场强）的要求。

交流线路：$m_1 \times m_2 = 0.82$

取有效值，即 $0.85 \times E_0 = 0.85 \times 30.3 \times 0.82 \times （1+0.298/\sqrt{r_0}）/ \sqrt{2}$

直流线路：$m_1 \times m_2 = 0.4 - 0.6$

空气密度与海拔的关系为

$$\delta_h = \delta_0 \times (1 - \Delta t \times h/T_0)^{4.26} \tag{4-2}$$

4.2 电晕无线电干扰水平的计算

目前计算电晕产生的无线电干扰场强，主要采用经验公式计算，而交流线路和直流线路的电晕放电性质不同，因此经验公式也有所区别。

4.2.1 直流架空线路无线电干扰水平经验公式

4.2.1.1 无线电干扰值

国际无线电干扰专业委员会 CISPR 第 18-1 号出版物 [4] 中，通过研究不同直流输电线路的实测结果，得出了平原地区，晴天时正极导线对地投影外 20m 处，0.5MHz 无线电干扰值的计算公式为

$$E = 38 + 1.6(g_{max} - 24) + 46\lg r + 5\lg n \tag{4-3}$$

式中　E——无线电干扰水平值，dB（μV/m）；

　　　g_{max}——极导线的最大表面场强，kV/cm；

　　　n——导线分裂数；

　　　r——子导线半径，cm。

DL/T 691—2019《高压架空输电线路无线电干扰计算方法》也引用了该公式。

4.2.1.2 导线表面最大场强计算

国际电工委员会无线电干扰特别委员会（CISPR）推荐了一种计算分裂导线表面场强的方法，大致可分为以下几步：

（1）将分裂导线用单根等效导线代替。等效导线半径 R_i 采用下式计算

$$R_i = R\left(\frac{nr}{R}\right)^{1/n} \tag{4-4}$$

式中 R_i——分裂导线等效导体半径；

   n——导线分裂数；

   r——子导线半径；

   R——分裂圆的半径，见图 4-1。

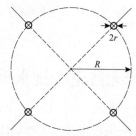

图 4-1 等效半径计算示意图

（2）计算每根等效导线的总电荷。导线上的电压与电荷之间的关系式为

$$\boldsymbol{U} = \lambda \boldsymbol{Q} \tag{4-5}$$

式中 $\boldsymbol{U}$——各导线对地电压构成的列向量；

   $\boldsymbol{Q}$——各导线上的等效电荷构成的列向量；

   λ——各导线的电位系数构成的 n 阶矩阵。

λ 的元素可以根据镜像原理求得

$$\lambda_{ii} = \frac{1}{2\pi\varepsilon_0} \ln \frac{2h_i}{R_i} \tag{4-6}$$

$$\lambda_{ij} = \frac{1}{2\pi\varepsilon_0} \ln \frac{L'_{ij}}{L_{ij}} \tag{4-7}$$

式中 ε_0——空气介电常数，$\varepsilon_0 = \frac{1}{36\pi} \times 10^{-9} \, \text{F/m}$；

   h_i——第 i 导线与其镜像之间的距离，见图 4-2；

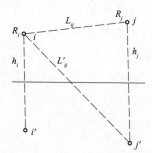

图 4-2 电位系数计算示意图

L_{ij}——第 i、j 导线之间的距离；

L'_{ij}——第 i 导线与第 j 导线镜像之间的距离。

由式（4-5）可以求出每根等效导线上的电荷 Q_i。

（3）计算导线的平均表面场强。平均表面场强用下式计算

$$g_{\mathrm{a}} = \frac{Q_i}{n} \cdot \frac{1}{2\pi\varepsilon_0 r} \qquad (4\text{-}8)$$

（4）计算导线的最大表面场强。导线最大表面场强可用下式计算

$$g_{\mathrm{m}} = g_{\mathrm{a}}\left[1+(n-1)\frac{r}{R}\right] \qquad (4\text{-}9)$$

极导线分裂数为 6；子导线直径为 36.24mm；分裂间距为 450mm，导线悬挂点高度为 32m；极导线对地最低点高度为 19m；极间距离为 23m；极导线排列方式为水平。根据式（4-3）计算得出正极导线对地投影外 20m 处 0.5MHz 的无线电干扰场强值为 50.2dB（μV/m），实测结果为 51.3dB（μV/m），基本与计算结果一致。

4.2.2　交流架空线路无线电干扰水平经验计算公式

国际无线电干扰专业委员会 CISPR 第 18-3 号出版物[5]中，通过研究 200 ~ 765kV 不同交流输电线路的实测结果，得出了平原地区，晴天时边导线对地投影外 20m 处，0.5MHz 无线电干扰值的计算公式为

$$E = 3.5g_{\max} + 12r - 30 \qquad (4\text{-}10)$$

式中　E——晴天 50% 无线电干扰场强值，dB（μV/m），对于 80% 置信概率的 80% 时间无线电干扰场强值可增加 6 ~ 10dB；

　　　$g_{\max}$——导线表面最大电位梯度，kV/cm，计算方法见 4.2.1；

　　　r——子导线半径，cm。

由于该公式在导线表面最大电位梯度在 12 ~ 20kV/cm 区间范围时计算结果较为准确。

4.2.3　激发函数计算法

目前交流架空输电线路无线电干扰水平的计算方法，开始用激发函数法[5]（见图 4-3），具体如下。

4.2.3.1 阻抗矩阵

对于有损耗大地时的单位长阻抗矩阵 $\boldsymbol{Z}$，其主对角元素 Z_{ii} 为线路的自阻抗

$$Z_{ii} = Z_{gii} + j\omega L_{ii} + Z_{w} \tag{4-11}$$

它由 3 部分组成，分别是导线和大地均为理想导体时的单位长回路电感 L_{ii} 形成的阻抗、线路的内阻 Z_{w} 以及大地的内阻抗 Z_{gii}。

$\boldsymbol{Z}$ 中非对角元素 Z_{gij} 为线路互阻抗，值为

$$Z_{ii}=Z_{gij}+j\omega L_{ij} \tag{4-12}$$

它主要由两部分组成，一是线路和大地均为理想导体时线路间互感 L_{ij} 形成的阻抗，二是线路 i、j 均以大地为返回回路而呈现出与大地的互阻抗 Z_{gij}。

阻抗矩阵各部分元素的表达式如下：

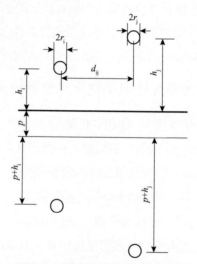

图 4-3 激发函数法矩阵示意图

$$L_{ii} = \frac{\mu_0}{2\pi}\ln\frac{2h_i+2p}{r_i}, \quad L_{ij} = \frac{\mu_0}{2\pi}\ln\frac{\sqrt{(h_i+h_j+2p)^2+d_{ij}^2}}{\sqrt{(h_i-h_j)^2+d_{ij}^2}} \tag{4-13}$$

$$Z_{gii} = \frac{jw\mu_0}{2\pi}\ln\left(\frac{1+\gamma_g h_i}{\gamma_g h_i}\right) \tag{4-14}$$

$$Z_{gij} = \frac{j\omega\mu_0}{2\pi} \ln \left\{ \frac{\left[1 + \gamma_g\left(\dfrac{h_i + h_j}{2}\right)\right]^2 + \left(\gamma_g \dfrac{d_{ij}}{2}\right)^2}{\left(\gamma_g \dfrac{h_i + h_j}{2}\right)^2 + \left(\gamma_g \dfrac{d_{ij}}{2}\right)^2} \right\}^{\frac{1}{2}} \tag{4-15}$$

其中
$$p = \sqrt{\frac{\rho}{\pi\mu_0 f}}$$

$$\gamma_g = \sqrt{j\omega\mu_0(\sigma_g + j\omega\varepsilon_0\varepsilon_{rg})}$$

式中　σ_g——大地电导率；

　　　ε_{rg}——土壤相对介电常数。

4.2.3.2　导纳矩阵

输电线路的单位长横向导纳矩阵可以表示为

$$Y = G + j\omega C \tag{4-16}$$

单位长横向漏电导 G 很小，可以忽略，电容系数矩阵的计算式如下：

$$P_{ii} = \frac{1}{2\pi\varepsilon_0}\ln\frac{2h_i}{r_i}, \quad P_{ij} = \frac{1}{2\pi\varepsilon_0}\ln\frac{\sqrt{(h_i + h_j)^2 + d_{ij}^2}}{\sqrt{(h_i - h_j)^2 + d_{ij}^2}} \tag{4-17}$$

电容矩阵
$$C = P^{-1}$$

4.2.3.3　计算过程

取 CISPER 大雨时激发函数

$$\varGamma = 70 - \frac{585}{g_{max}} + 35\lg(d) - 10\lg(n) \tag{4-18}$$

依次将三相导线表面最大场强代入公式，得到 $\varGamma_{A,B,C} = [\varGamma_A \ \varGamma_B \ \varGamma_C]$，以上求出的值的单位是 dB，所以还需要将其还原为单位 μA 的值。

首先以 A 相为例，当 A 相电晕时可得，$\varGamma = [\varGamma_A \ 0 \ 0]^T$，由激发函数矩阵 $\varGamma$ 和线路电容矩阵 C 可得到三相线路中的电晕电流

$$i_0 = \begin{bmatrix} i_{0A} \\ i_{0B} \\ i_{0C} \end{bmatrix} = \frac{1}{2\pi\varepsilon_0} Cg\varGamma = \frac{1}{2\pi\varepsilon_0} \begin{bmatrix} C_{11}\varGamma_A \\ C_{21}\varGamma_B \\ C_{31}\varGamma_C \end{bmatrix} \tag{4-19}$$

对于多导体传输系统，有如下方程

$$\frac{\mathrm{d}\boldsymbol{i}}{\mathrm{d}z}=-\boldsymbol{Y}\boldsymbol{v},\ \frac{\mathrm{d}\boldsymbol{v}}{\mathrm{d}z}=-\boldsymbol{Z}\boldsymbol{i} \tag{4-20}$$

其中 $\boldsymbol{i}=\begin{bmatrix}i_1 & i_2 & i_3\end{bmatrix}^T$　$\boldsymbol{v}=\begin{bmatrix}v_1 & v_2 & v_3\end{bmatrix}^T$

将上面两式进行化简，于是有

$$\frac{\mathrm{d}^2\boldsymbol{i}}{\mathrm{d}z^2}=\boldsymbol{YZ}\boldsymbol{i} \tag{4-21}$$

由于左边式中的每一相电流和其他各相的电流都是互相关联的，因此为了将相互关联的微分方程变成独立的微分方程，需要对其进行相模变换。即令 $i_\mathrm{m}=S^{-1}i$，$i=Si_\mathrm{m}$，则上式变为

$$\frac{\mathrm{d}^2(Si_\mathrm{m})}{\mathrm{d}z^2}=\boldsymbol{YZS}i_\mathrm{m} \tag{4-22}$$

即 $\dfrac{\mathrm{d}^2 i_\mathrm{m}}{\mathrm{d}z^2}=S^{-1}\boldsymbol{YZS}i_\mathrm{m}$，$[S^{-1}\boldsymbol{YZS}]$ 实际上是 $\boldsymbol{YZ}$ 的特征值矩阵 $\boldsymbol{L}_\mathrm{m}$，令 $\alpha+\mathrm{j}\beta=\sqrt{L_\mathrm{m}}$，则上述方程的解就可以写成

$$i_\mathrm{m}=\mathrm{e}^{-(\alpha+\mathrm{j}\beta)z}i_{0\mathrm{m}} \tag{4-23}$$

考虑到电晕电流实际上是向线路两侧传播的，因此其幅值应除以 2。得到其解为如下形式

$$i_\mathrm{m}=0.5\mathrm{e}^{-(\alpha+\mathrm{j}\beta)z}i_{0\mathrm{m}}$$

展开后

$$i_\mathrm{m}=0.5i_{0\mathrm{m}}\mathrm{e}^{-(\alpha+\mathrm{j}\beta)z}=0.5i_{0\mathrm{m}}\mathrm{e}^{-\alpha z}\cdot\mathrm{e}^{-\mathrm{j}\beta z}=0.5i_{0\mathrm{m}}\mathrm{e}^{-\alpha z}\left(\cos\beta z-\mathrm{j}\sin\beta z\right) \tag{4-24}$$

当电晕电流在导体中传播时，只是考虑幅值大小，不考虑相位，故电晕电流可以简化为 $i_\mathrm{m}=\mathrm{e}^{-\alpha z}i_{0\mathrm{m}}$。

反变换后得到在线路中传播的实际电流大小为

$$[i]=[S][i_\mathrm{m}]=0.5[S][\mathrm{e}^{-\alpha z}][i_{0\mathrm{m}}]=0.5[S][\mathrm{e}^{-\alpha z}][S^{-1}][i_0]$$

由于输电线路上电压和电流存在如下关系

$$v=Z_0 i \tag{4-25}$$

Z_0 代表波阻抗，其值为 $Z_0=\sqrt{\dfrac{Z}{Y}}=\sqrt{\dfrac{R+\mathrm{j}\omega L}{\mathrm{j}\omega C}}\approx\sqrt{\dfrac{L}{C}}$，所以

$$[v]=[Z_0][i]=0.5[Z_0][S][\mathrm{e}^{-\alpha z}][S^{-1}][i_0]$$

$$[q] = [C][v] = 0.5[C][Z_0][S][\mathrm{e}^{-\alpha z}][S^{-1}][i_0]$$

$$= 0.5 \times 2\pi\varepsilon_0 [P][Z_0][S][\mathrm{e}^{-\alpha z}][S^{-1}][i_0] = \pi\varepsilon_0[D][\mathrm{e}^{-\alpha z}][i_{0\mathrm{m}}]$$

$[\boldsymbol{P}]$ 为线路电位系数矩阵，$[D] = [\boldsymbol{P}][Z_0][S]$，$[i_{0\mathrm{m}}] = [S^{-1}][i_0]$

因此可得当 A 相线路起晕时，所有线路上 z 点产生的电荷在线下点 (x, y) 处的场强为

$$E_{\mathrm{y1}}(z) = \frac{1}{2\pi\varepsilon_0} \sum_{j=1}^{m} q_j(z) F_{\mathrm{yj}}(x, y) \qquad (4\text{-}26)$$

$$E_{\mathrm{x1}}(z) = \frac{1}{2\pi\varepsilon_0} \sum_j q_j(z) F_{\mathrm{xj}}(x, y) \qquad (4\text{-}27)$$

E_{y1} 代表垂直地面分量，E_{x1} 代表水平分量。其中

$$F_{\mathrm{yj}}(x, y) = \frac{y_j - y}{(y_j - y)^2 + (x - x_j)^2} + \frac{y_j + y}{(y_j + y)^2 + (x - x_j)^2} \qquad (4\text{-}28)$$

$$F_{\mathrm{xj}}(x, y) = \frac{x_j - x}{(y_j - y)^2 + (x - x_j)^2} - \frac{x_j - x}{(y_j + y)^2 + (x - x_j)^2} \qquad (4\text{-}29)$$

x_j，y_j 为导线的横纵坐标，x，y 为计算点的横纵坐标。

将 $E_{\mathrm{y1}}(z)$ 和 $E_{\mathrm{x1}}(z)$ 沿全线路进行积分，即

$$E_{\mathrm{y1}} = \sqrt{\int_{-\infty}^{\infty} \left| E_{\mathrm{y1}}(z) \right|^2 \mathrm{d}z} = \sqrt{2\int_0^{\infty} \left| E_{\mathrm{y1}}(z) \right|^2 \mathrm{d}z}$$

$$= \sqrt{\frac{A_{\mathrm{y1}}^2}{\alpha_1} + \frac{A_{\mathrm{y2}}^2}{\alpha_2} + \frac{A_{\mathrm{y3}}^2}{\alpha_3} + \frac{2A_{\mathrm{y1}}A_{\mathrm{y2}}}{\alpha_1 + \alpha_2} + \frac{2A_{\mathrm{y1}}A_{\mathrm{y3}}}{\alpha_1 + \alpha_3} + \frac{2A_{\mathrm{y3}}A_{\mathrm{y2}}}{\alpha_3 + \alpha_2}} \qquad (4\text{-}30)$$

$$E_{\mathrm{x1}} = \sqrt{\int_{-\infty}^{\infty} \left| E_{\mathrm{x1}}(z) \right|^2 \mathrm{d}z} = \sqrt{2\int_0^{\infty} \left| E_{\mathrm{x1}}(z) \right|^2 \mathrm{d}z}$$

$$= \sqrt{\frac{A_{\mathrm{x1}}^2}{\alpha_1} + \frac{A_{\mathrm{x2}}^2}{\alpha_2} + \frac{A_{\mathrm{x3}}^2}{\alpha_3} + \frac{2A_{\mathrm{x1}}A_{\mathrm{x2}}}{\alpha_1 + \alpha_2} + \frac{2A_{\mathrm{x1}}A_{\mathrm{x3}}}{\alpha_1 + \alpha_3} + \frac{2A_{\mathrm{x3}}A_{\mathrm{x2}}}{\alpha_3 + \alpha_2}} \qquad (4\text{-}31)$$

其中，$A_{\mathrm{ym}} = 0.5 i_{\mathrm{om}} \sum_j D_{\mathrm{j,m}} F_{\mathrm{yj}}$，$A_{\mathrm{xm}} = 0.5 i_{\mathrm{om}} \sum_j D_{\mathrm{j,m}} F_{\mathrm{xj}}$，$m, j = 1, 2, 3$

最后将场强垂直分量和水平分量的场强叠加，得到 $E_{\mathrm{A}} = \sqrt{E_{\mathrm{x1}}^2 + E_{\mathrm{y1}}^2}$，若表示成 dB 形式，则可写成 $E_{\mathrm{A}} = 20\log\sqrt{E_{\mathrm{x1}}^2 + E_{\mathrm{y1}}^2}$。

B、C 相起晕时处理方式同 A 相一致，最后得到 E_{B} 和 E_{C}。

根据 CISPR 的计算原则，三相输电线路的无线电干扰场强按下列方法计算，如果某一相的场强比其他两相至少大 3dB，三相输电线路的无线电干扰场强可认

为等于其中最大一相的场强，否则用如下式确定

$$E = \frac{E_a + E_b}{2} + 1.5 \qquad (4\text{-}32)$$

式中 E_a、E_b——三相中两相较大的场强。

4.3 无线电干扰的频率特性与修正系数

依据输电线路经验公式计算得出的无线电干扰水平，为距正极导线外 20m 处 0.5MHz 无线电干扰水平。要计算其他距离、不同频率的无线电干扰水平，需要进行频率修正和距离修正。

4.3.1 无线电干扰的频率衰减特性

CISPR 18-1[4] 和 DL/T 691—2019 中给出无线电干扰场强变化量随频率的关系式

$$\Delta E_f = 5\left[1 - 2\left(\lg 10f\right)^2\right] \qquad (4\text{-}33)$$

式中 f——测量频率，MHz。

该公式适用于 0.15M ～ 4MHz。当已知 0.5MHz 无线电干扰水平时，可以用该公式计算出 0.15M ～ 4MHz 频段各频率的无线电干扰场强值。

4.3.2 无线电干扰的横向距离衰减特性

DL/T 691—2019 中规定的无线电干扰随横向距离衰减特性的公式如下

$$E_2 = E_1 + 33\lg\frac{20}{D_2} \qquad (4\text{-}34)$$

式中 E_1——边（或正极）导线对地投影外 20m 处无线电干扰场强，dB（μV/m）；

E_2——边（或正极）导线对地投影外 D_2（m）处无线电干扰场强，dB（μV/m）。

该公式仅适用于 100m 以内。

当距离大于 100m 时，应使用 CISPR 18-2 推荐的公式 [6] 为

$$E_2 = E_1 - 23 - 20\lg\frac{D_2}{100} \tag{4-35}$$

也可采用 DL/T 691—2019 附录中推荐的公式（与 CISPR 18-1[4] 中推荐的计算方法一致）

$$E = 60I_{RI}\left[\frac{h-h_1}{(h-h_1)^2+y^2} + \frac{h-h_1+2P}{(h-h_1+2P)^2+y^2}\right] \tag{4-36}$$

式中　I_{RI}——等效电晕电流，可用激发函数法计算，A；

　　　　h——直流线路导线平均对地架设高度，m；

　　　　h_1——观测点对地高度，m；

　　　　y——观测点到直流线路导线的水平距离，m；

　　　　P——磁场穿透深度，m。

$$P = \sqrt{\frac{2}{\mu_0\omega\sigma_g}}$$

式中　μ_0——真空中磁导率，$4\pi\times10^{-7}$H/m；

　　　　ω——角频率，rad/s；

　　　　σ_g——大地电导率，S/m。

两公式计算结果对比如图 4-4 所示。

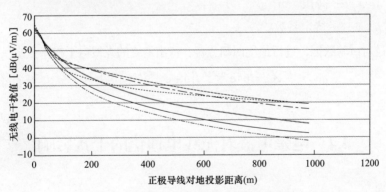

图 4-4　两公式在 1000m 内计算结果对比

注：细线自上至下为大地电导率 0.2、0.002、0.0002、0.00002、0.00001S/m 时式（4-36）计算结果，粗线为式（4-34）和式（4-35）计算结果。

由图 4-7 可知，在 0 ~ 100m 内式（4-34）计算结果与大地电导率为 200×10^{-3} S/m 时式（4-36）计算结果较为接近。当距离增加到 1000m 左右时，大地电导率为0.01×10⁻³ S/m，式（4-36）计算结果与式（4-35）计算结果较为接近。可见，式（4-34）和式（4-35）适用于大地电导率较小地区。具体工程在已知大地电导率的情况下，也可按式（4-36）来计算保护间距比较准确。

4.3.3　无线电干扰场强的海拔修正

IEEE 推荐的海拔修正系数为：$\Delta E=H/300$，即：海拔每升高 1000m，无线电干扰升高 3.3dB。该修正方法适用于导线表面最大场强 13 ~ 17.5kV/cm 时的交流输电线路，对于直流输电线路以及特高压交流输电线路并不适用，为此，中国电力科学研究院开展了不同海拔地区（50、1700、3400m 和 4300m）直流试验线段无线电干扰数据实测，根据不同海拔区间内的变化特点，对直流线路无线电干扰随海拔的变化曲线进行拟合，从而得出海拔修正经验公式[5]。

拟合时可认为海拔 50m 等同于海拔 0m，将其他海拔下的测量结果均以海拔50m 的测量结果为基准进行归零化，得到无线电干扰海拔修正拟合函数的表达式形式为

$$y = \frac{k}{1+e^{u(x+v)}} \qquad (4-37)$$

式中　　　y ——无线电干扰修正量，dB（μV/m）；

x ——海拔，m；

k、u、v ——待定系数。

通过对试验数据，进行最优回归分析，得出最终的无线电干扰海拔修正系数为

$$\Delta_{\mathrm{RI}} = 64e^{-0.035E}\Big/\left[1+e^{-0.0011(x-5000)}\right] \qquad (4-38)$$

4.4　电晕电流对无线电通信的干扰影响

如果在输电线路附近有无线电收信台（站）和测向台（站），当无线电台（站）的工作频率在电晕无线电干扰的频段范围内，可能使无线电通信受到影响。

目前确定输电线路对无线电收信台（站）和测向台（站）的电晕无线电干扰影响主要有两种方法：信噪比法和控制背景干扰场强法。

4.4.1 信噪比法

无线电收信台(站)和测向台(站)接收无线电信号时,必须满足一定的信噪比,才能接收到清晰信号。对于无线电收信台(站)和测向台(站),特高压直流输电线路产生的无线电干扰场强 E,属于电磁噪声。如果信号场强为 S_p,所需信噪比为 N,则 $S_p/E \geq N$ 时,收信台(站)就可以满意接收。由此可以得出允许的最大电磁干扰场强,该场强即为输电线路电晕无线电干扰水平随距离衰减后的场强和原背景干扰场强的合成场强(均方根值)。根据输电线路的电晕无线电干扰水平、场强频率特性、场强随距离的衰减特性和背景干扰场强,就可以计算出允许的输电线路与收信台(站)的保护距离。

信噪比法适合于最低信号场强较背景干扰场强高,接收相对固定,信号功率较强的发射台。显然,当接收的信号场强较低,信噪比又不允许降低,应用控制背景干扰场强法。

4.4.2 控制背景干扰场强法

无线电收信台(站)和测向台(站)附近的输电线路产生的无线电干扰,将使无线电收信台(站)和测向台(站)天线场地的无线电背景干扰场强增大。当背景干扰场强超过收信台(站)正常工作所允许的背景干扰场强时,将影响收信台(站)正常工作。因此,需控制输电线路在收信台(站)天线处产生的电晕无线电干扰场强,保证背景干扰场强不超过允许值。中国工程建设标准化协会标准CECS 66—1994《交流高压架空送电线对短波无线电测向台(站)和收信台(站)保护间距的计算规程》[6]规定了计算保护间距时,采用 1.5MHz 无线电背景干扰场强的准峰值为 12dB,GB 13614—2012《短波无线电收信台(站)及测向台(站)电磁环境要求》规定了各级短波无线电收信台(站)和测向台(站)允许的由输电线路造成的背景干扰场强增量[7],如表 4-1 所示。

表 4-1 不同级别收信台(站)和测向台(站)允许的背景干扰增量

台(站)类别	允许的背景噪声增量（dB）
测向台（站）和一级收信台	0.5
二级收信台	1.0
三级收信台	1.5

在计算特高压直流输电线路与短波收信台（站）和测向台（站）的保护间距时，应采用以上允许的背景干扰场强增量。

由于实际工程应用中，控制背景干扰法比信噪比法简单且严格，所以通常短波收信台（站）和测向台（站）采用控制背景干扰场强法。当短波收信台（站）采用控制背景干扰场强法不能满足要求时，应该用信噪比法进行验算。如信噪比法也不能满足要求，经过技术经济比较，又不可能避让，可采用提高发射功率增加信号场强的方法加以解决。

4.4.3 保护间距

根据控制背景干扰法

$$E_{\mathrm{d}} \leqslant N_0 + 10\log\left(10^{0.1\Delta N} - 1\right) \tag{4-39}$$

式中 E_{d}——特高压直流输电线路电晕在距离 d 处产生的无线电干扰场强，dB（μV/m）；

N_0——背景干扰场强，dB，这里取 1.5MHz 背景 12dB；

ΔN——允许的背景干扰场强增量，dB，不同级别的收信台（站）要求不同，参考表 4-2。

因此，保护间距

$$D = 10^k \tag{4-40}$$

其中

$$k = \frac{E_{\mathrm{d}} - N_0 - 10\lg(10^{0.1\Delta N} - 1)}{20} \tag{4-41}$$

[算例] 按照 DL/T 1088—2008《±800kV 特高压直流线路电磁环境参数限值》规定：特高压直流输电线路无线电干扰限值为导线对地投影外 20m 处，0.5MHz 无线电干扰水平不超过 58dB（μV/m）。无线电监测站选址典型 1.5MHz 背景干扰水平为 12dB。按照电晕无线电干扰频率特性公式 [式（4-32）]，0.5MHz 限值 58dB，在 1.5MHz 限值为 49.168dB。

测向台允许的背景无线电干扰增量为 0.5dB，根据式（4-36），输电线路在无线电台站天线处产生的无线电干扰水平应低于 2.864dB。

根据式（4-39），保护间距应大于 1463m。

本章参考文献

[1] 周泽存. 沈其工. 方瑜. 等. 高电压技术（M）. 北京：中国电力出版社，2004.

[2] P. Sarma Maruvada, *Corona Performance of High-voltage Transmission Lines*, Research Studies Press LTD., 2000.

[3] F.W.Peek, *The law of corona and the dielectric strength of air*, AIEE Trans. Vol.28, Pt. III, pp. 1889-1988, 1911.

[4] CISPR, 18-1, *Radio Interference Characteristics of Overhead Power Lines and High-Voltage Equipment-Part 1: Description of phenomena*, IEC, 2010.

[5] CISPR, 18-3, *Radio Interference Characteristics of Overhead Power Lines and High-Voltage Equipment—Part 3: Code of Practice for Minimizing the Generation of Radio Noise*, IEC, Geneve, 2017.

[6] CISPR, 18-2, *Radio Interference Characteristics of Overhead Power Lines and High-Voltage Equipment-Part 2: Methods of measurement and procedure for determining limits*, IEC, 2017.

[7] Luxing Zhao, Xiang Cui, Li Xie, Jiayu Lu. *Altitude Correction of Radio Interference of HVdc Transmission Lines Part II: Measured Data Analysis and Altitude Correction*, IEEE Transactions on Electromagnetic Compatibility 59 (1). August 2016.

5 架空输电线路对无线电台（站）电磁影响相关国标规定的分析

架空输电线路的无线电磁影响可分为两大类：一类主要是导线或线路器件表面电晕放电以及线路间隙火花放电的电磁影响，另一类主要是线路及铁塔等大型金属构架对空中其他无线电信号的屏蔽和反射。电晕放电是由于导线表面电场强度较高引起空气电离而发生的放电现象，间隙火花放电是线路因接触不良或线路故障而发生的弧光放电和火花放电现象，其中电晕放电是架空输电线路的主要干扰源。

根据有关国标的规定，参照国际无线电干扰特别委员会（CISPR）第 18 号出版物《架空输电线路和高压设备的无线电干扰特性》（第一篇《干扰现象阐述》，1982 年）的推荐，从电晕无线电干扰和架空输电线路作为金属障碍物对无线电波的再次辐射影响两方面考虑，来确定输电线路与航空无线电导航台（站）及其他无线电台(站)的保护间距。图 5-1 为典型的机场配置图。

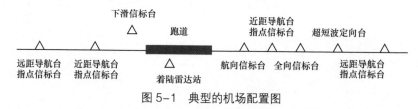

图 5-1 典型的机场配置图

航空无线电导航以各种地面和机载导航设备，向飞机提供准确、可靠的方位和位置信息，以保障飞机的安全飞行。我国目前使用的航空无线电导航台（站）有中波导航台，超短波定向台，仪表着陆系统的航向信标台、下滑信标台、指点信标台，全向信标台，测距台，塔康导航台以及着陆雷达站等。导航台（站）设备性能和质量是否良好，除取决于设备本身的技术性能和操作维护水平等因素外，还与导航台（站）周围的电磁环境和场地条件有关。

对海中远程无线电导航台（站）分为长波远程无线电导航台、长波远程无线电监测站（即罗兰 C 系统），中波中程无线电导航台（即罗兰 A 系统）。为保证导航台（站）提供正常导航信息而对电晕无线电干扰和台（站）周围设施进行限制。

同步卫星通信系统地球站、同步气象卫星地球站以及海岸地球站的工作频段为 1G ～ 40GHz，数字微波接力站工作频段为 1G ～ 40GHz。由于架空输电线路的电晕无线电干扰达不到这个频段，因此不应考虑对地球站、同步气象卫星地球站、海岸地球站及数字微波接力站的电晕无线电干扰。

通常情况下，架空输电线路电压等级越高，导线对地及交跨距离的要求越高，相应的平均塔高也就越高，对无线电台的无线电干扰也越严重。本章论述的架空输电线路对无线电台的保护间距，取铁塔高度为 72m，大致等同于 500kV 同塔双回交流输电线路及 ±800kV 直流输电线路。

5.1　中波导航台（NDB）

中波导航台（亦称无方向信标台）是一种无方向性的信标台，飞行人员所需要的方位信息是靠飞机上的无线电罗盘测出来的。飞机机载无线电罗盘具有一个心脏型方向图的天线及伺服系统，它可以测定出中波导航台相对于飞机纵轴线起端（飞机头）的夹角，即相对方位角。飞行员根据这个相对方位角，就可以决定自己到达的目的地（即设有中波导航台的地点）应该飞行的方向。

中波导航台也叫做归航台，工作频率在 150k ～ 1700kHz，国家无线电管理部门划分给无线电导航业务和航空无线电导航业务的频段。

中波导航台分为航线导航台、远距导航台和近距导航台。远距导航台和航线导航台覆盖半径为 150km（白天），近距导航台的覆盖半径不小于 18.5km、不大于 70km（白天）。中波导航台覆盖区内最低信号场强，在北纬 30° 以北为 70μV/m（−109dBW/m^2），在北纬 30° 以南为 120μV/m（−104dBW/m^2）。

在中波导航台覆盖区内，对架空输电线路的电晕无线电干扰防护率为 15dB。以中波导航台天线为中心，半径 500m 以内不得有 110kV 及以上架空输电线路。

中波导航台包括近距、远距和航线导航台，近距、远距导航台设在跑道延长线上，距跑道端 900 ～ 1110m，航线导航台设在航路或航线转弯点、检查点和空中走廊进出口。

5.1.1　电晕对飞机无线电罗盘的干扰影响

中波导航台发射无方向性垂直极化波，机载无线电罗盘测定飞机和中波导航台的相对方位角，工作频段为 150k ～ 1750kHz，飞机进场飞行高度为 400m。架空输电线路电晕无线电干扰的频率范围，覆盖了中波导航台工作频段，应考虑电晕对飞机无线电罗盘的干扰影响。

架空输电线路无线电干扰限值为 55 ～ 58dB（边或正极导线对地投影外侧 20m 处，频率为 0.5MHz，晴天），无线电干扰场强随频率变化的增量公式为

$$\Delta E = 5[1 - 2(\lg 10 f)^2] \tag{5-1}$$

式中　ΔE——相对于 0.5MHz 频率的无线电干扰场强的增量，dB；

　　　f——工作（预求）频率，MHz。

电晕无线电干扰场强横向衰减计算公式为

$$E_p = E_0 - 36 \lg \frac{D_p}{20} \tag{5-2}$$

式中　D_p——保护间距，m；

　　　E_0——电晕无线电干扰水平，dB；

　　　E_p——D_p 处的无线电干扰场强，dB。

电晕无线电干扰场强横向衰减计算公式（100m 内）为

$$E_p = E_0 - 33 \lg \frac{D_p}{20} \tag{5-3}$$

保护间距大于 100m，电晕无线电干扰场强横向衰减计算公式为

$$E_p = E_0 - 23 - 20 \lg \frac{D_p}{100} \tag{5-4}$$

飞机在航线的飞行高度大于 600m，电晕对飞机无线电罗盘的干扰都能满足防护率要求。飞机在进场着陆飞行时，飞行高度小于 600m，如果无线电干扰水平取 55dB，则可以满足防护率要求。

5.1.2　再次辐射波对飞机无线电罗盘的影响

当飞机飞行时，如果飞机无线电罗盘同时接收到中波导航台的发射波和架空输电线路的再次辐射波，无线电罗盘指示的方位角就可能出现误差。

按 GB 6364—2013《航空无线电导航台（站）电磁环境要求》要求，以中波导航台天线为中心，半径 500m 以内不得有 110kV 及以上架空输电线路。

5.1.3 对飞机无线电罗盘影响的综合考虑

综合以上分析，架空输电线路对中波导航台的影响，主要是电晕对飞机无线电罗盘接收信号强度的干扰影响，以及再次辐射波对飞机无线电罗盘接收信号相位的影响。前者影响飞机无线电罗盘接收信号的信噪比，后者影响飞机无线电罗盘方位角指示的准确度。

按国标要求，架空输电线路与中波近距、远距和航线导航台天线的中心距离应大于 500m。通过进场着陆下滑线区域，在航线宽度内的架空输电线路的无线电干扰水平应不大于 55dB。

5.2 超短波定向台（VHF/UHFDF）

超短波定向台与中波导航台无线电罗盘系统的情况相类似，只是把空中和地面的相应设备倒换一下，即利用飞机电台（VHF/UHF 频段）为导航发射机（相当于中波导航台），而利用地面定向台作为定向接收机（相当于机载无线电罗盘），从而测定出飞机相对于定向台所在地点的磁北方向的夹角，即飞机方位角。然后，再由超短波定向台利用对空通信电台作为定向接收机将此方位数据发送给空中飞机。飞行人员根据定向台所测报的飞机方位角，就可以实现归航、定位（需要向两个地点的定向台同时咨询方位）和进场着陆。

超短波定向台工作在 118M ～ 150MHz 和 225M ～ 400MHz 两个频段中，国家无线电管理部门划分给移动业务和航空移动业务的频段。电晕无线电干扰达不到这个频段，因此不考虑架空输电线路对超短波定向台的电晕无线电干扰。

超短波定向台最低定向信号场强为 90μV/m（39dBμV/m）。超短波定向台对架空输电线路电晕无线电干扰防护率为 20dB。

按 GB 6364—2013 要求，以超短波定向台天线为中心，半径 700m 以内不得有 110kV 及以上的架空输电线路。500m 以内不得有 35kV 及以上的架空输电线路。70m 以外建筑物的高度不应超过以天线处地面为准的 2.5° 垂直张角。为满足此

垂直张角所需的距离为

$$D = \frac{H}{\tan\theta} \qquad (5-5)$$

式中　D——满足此垂直张角所需的距离，m；

　　　H——架空输电线路铁塔高度，m；

　　　θ——以天线处地面为基准的垂直张角。

取铁塔高度 72m，垂直张角 2.5°，则保护间距为

$$D = \frac{72}{\tan 2.5°} = 1.65(\text{km}) \qquad (5-6)$$

加上 70m 后，架空输电线路与超短波定向台天线的保护间距应大于 1.72km。

5.3　仪表着陆系统（ILS）

仪表着陆系统（ILS）包括设置在地面的航向信标台、下滑信标台、指点信标台以及它们配套工作的机载航向、下滑和指点信标接收机、相应的显示仪表、灯光信号等。

5.3.1　航向信标台

航向信标台通常设在跑道中心延长线上，距跑道终端 180 ~ 600m，发射水平极化波，工作频段为 108.1M ~ 111.95MHz。

架空输电线路电晕产生的无线电干扰达不到这个频段，不考虑对航向信标台的电晕无线电干扰。

按 GB 6364—2013 要求，在航向信标台天线前方向 ±10°、距离天线阵 3km 的区域内，不得有高于 15m 的建筑物、架空输电线路等大型反射物体存在。航向信标台覆盖区内，对架空输电线路电晕无线电干扰防护率为 20dB。

架空输电线路在航向信标台天线前方向 ±10° 与航向信标台天线的保护间距应大于 3km（见图 5-2）。

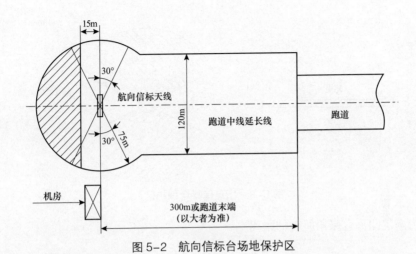

图 5-2　航向信标台场地保护区

5.3.2　下滑信标台

下滑信标台通常设在跑道着陆端以内跑道的一侧，距中心线 75 ~ 200m，通常为 120m。距跑道着陆端约 300m，发射水平极化波，工作频段为 328.6M ~ 335.4MHz。

按 GB 6364—2013 要求，架空输电线路与下滑信标台天线的保护间距应大于 900m。在下滑信标台覆盖区内，对架空输电线路的电晕无线电干扰防护率为 20dB。

架空输电线路的电晕无线电干扰达不到这个频段，不考虑对下滑信标台的电晕无线电干扰。

5.3.3　指点信标台

指点信标台通常设在距跑道端 1.0 ~ 11.1km，发射垂直扇形波束，工作频率为 75MHz。

架空输电线路的电晕无线电干扰达不到这个频率，不考虑对指点信标台的电晕无线电干扰。

按 GB 6364—2013 要求，在指点信标台覆盖区域内，电晕无线电干扰防护率为 23dB。在指点信标台保护区内（见图 5-3），不得有超出以地网或天线阵最低单元为基准、垂直张角为 20° 的障碍物。

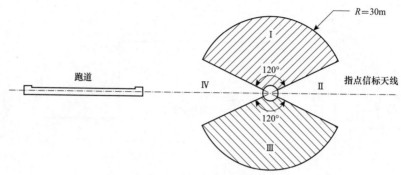

图 5-3　指点信标台保护区

为满足此垂直张角所需的距离

$$D = \frac{72}{\tan 20°} = 198(\text{m})$$ （5-7）

架空输电线路与指点信标台天线的保护间距应大于198m。

5.4　微波着陆系统（MLS）

5.4.1　方位台

方位台是微波着陆系统的组成部分，与机载接收机配合工作，为进近着陆的航空器提供水平方位角引导信息。方位天线通常安装在跑道末端以外的跑道中线延长线上，距跑道末端 300 ~ 500m，方位台工作在 5031.0M ~ 5090.7MHz 频段。

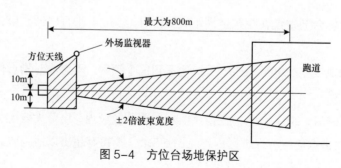

图 5-4　方位台场地保护区

在方位台信号覆盖区内，对各种有源干扰的防护率为17dB。方位台的场地保护区一般为方位天线前方最大800m、±2倍波束宽度的扇形区域，以及方位天线侧向10m到外场监视器位置的梯形区域，如图5-4所示。

在方位台场地保护区内不应有树木、建筑物、道路、金属栅栏和架空线缆等障碍物存在。进入方位台的电力线缆和通信线缆应从保护区外埋入地下。在飞行期间，场地保护区内不准停放航空器和车辆，不允许有地面交通活动。

5.4.2 仰角台

仰角台是指微波着陆系统中，在仰角方向的扇区内，向进近飞机发射垂直扫描波束的无线电台。用以在垂直平面内引导飞机按一定路线下滑。其天线阵架设在跑道入口内接地点附近跑道的一侧。

飞机上的接收机根据收到往、返扫描波束之间的时间差，确定飞机处在进近路线上的扫视仰角，或可确定飞机与选定下滑面之间的偏离角。视线在水平线以上时，在视线所在的垂直平面内，视线与水平线所成的角叫做仰角。

在仰角台信号覆盖区内，对其他各种有源干扰的防护率为17dB。仰角台场地保护区限定在图5-5所示区域内。在场地保护区内地形应平坦，不应有道路等障碍物存在，不应种植农作物，杂草的高度应低于0.3m，在该区内，不应停放车辆、机械和航空器，不应有地面交通活动。通过该区的电力线缆和通信线缆应埋入地下。

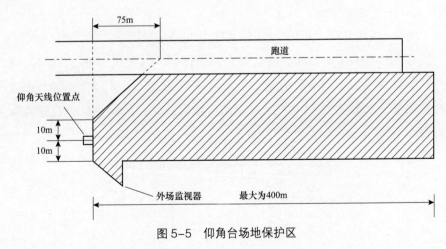

图5-5 仰角台场地保护区

5.5　全向信标台（VOR）

全向信标台（VOR）是一种可以提供 360° 方位信息的超短波发射台，装有全向信标接收机的飞机接到全向信标台的导航信号后，就可以解调出飞机相对于全向信标台磁北方向的夹角，即飞机方位角，并通过相应的仪表加以显示。全向信标台通常设置在机场区域，也可设置在航路点或空中走廊的出入口，用以引导飞机沿着规定的航路飞行（将所选的无线电航道正好与规定的航路相重合即可），也可以辅助飞机进行穿云着陆。

全向信标台分为常规全向信标台和多普勒全向信标台，工作频段为 108M ~ 117.975MHz。在全向信标台信号覆盖区内，对架空输电线路的电晕无线电干扰防护率为 20dB。架空输电线路的电晕无线电干扰达不到这个频段，不考虑对全向信标台的电晕无线电干扰。

按 GB 6364—2013 要求，常规全向信标台，以天线为中心，半径 300m 以外的障碍物相对于基准面的垂直张角不应超过 2°，且半径 500m 以内不应有超出基准面高度的 110kV 及以上架空输电线路。为满足此垂直张角所需距离

$$D = \frac{H - H_a}{\tan\theta} = \frac{72 - 5}{\tan 2°} = 1919(\mathrm{m}) > 500\mathrm{m} \tag{5-8}$$

式中　H——架空线路高度，m；

　　　H_a——天线高度，m（假设天线高度为 5m）。

按 GB 6364—2013 要求，多普勒全向信标台，以天线为中心，半径 300m 以外的障碍物相对于基准面的垂直张角不应超过 2.5°，且半径 500m 以内不应有超出基准面高度的 110kV 及以上架空输电线路。为满足此垂直张角所需距离为

$$D = \frac{H - H_a}{\tan\theta} = \frac{72 - 5}{\tan 2.5°} = 1535(\mathrm{m}) > 500\mathrm{m} \tag{5-9}$$

5.6 测距台（DME）

测距台实际上就是塔康台的测距部分功能。将这部分单独建立，主要是为了与全向信标台配合，用以弥补全向信标台只能提供方位信息而不能提供距离信息的不足；测距台也可以和仪表着陆系统配套，用以向飞机提供离开跑道着陆端的距离数据。测距台使用脉冲编码的方式传输距离信息（和塔康台一样）。

测距台由机载询问器和地面应答器构成，从无线电波的往返时间扣出设备的迟延时间求得距离。通常与全向信标台配置在一起，与仪表着陆系统配合工作的测距台可单独配置在机场。工作频段为 962M ~ 1213MHz。在测距台覆盖区内，对架空输电线路的电晕无线电干扰防护率为 8dB。其他要求与全向信标台相同。

架空输电线路的电晕无线电干扰达不到这个频段，不考虑对测距台的电晕无线电干扰。

5.7 塔康导航台（TACAN）

塔康是战术空中导航（Tactical Air Navigation，TACAN）的简称，它是一种标准的军用近程导航系统，由于有效作用距离近，只用于航空导航，又称为航空近程导航系统。该系统一般由塔康信标和机载设备组成，塔康信标以旋转天线方向性图的形式向作用空域发射无线电信号，为飞机提供方位和测距信息。

塔康系统包括机载的塔康设备和地面的塔康导航台两部分。塔康导航台通常配置在机场区域或导航点。配置在机场区域的塔康导航台，可设在跑道中心延长线上，也可以设在跑道中部的一侧，这要视当地具体情况和对塔康导航台的使用要求而定。利用塔康台可保障飞机的空中定位，沿预定航线飞行（和全向信标台一样，可提供偏航指示），以及在复杂气象条件下辅助飞机着陆。

塔康导航台工作在 962M ~ 1213MHz 频段。塔康台覆盖区内，对架空输电线路的电晕无线电干扰防护率为 8dB。架空输电线路的电晕无线电干扰达不到这个频段，不考虑对塔康导航台的电晕无线电干扰。

按 GB 6364—2013 要求，塔康导航台场地的保护要求为以天线为中心，半径 300m 以外的障碍物的高度应满足：最大水平张角为 3° 的障碍物，允许最大垂直张角为 8° ；最大水平张角为 10° 的障碍物，允许最大垂直张角为 5° 。

当塔脚宽度为 15m、塔高为 72m 时，最大水平张角为 3° 要求的水平距离为

$$D_\mathrm{h} = \frac{15/2}{\tan 1.5°} = 287 \,(\mathrm{m})$$ （5-10）

最大垂直张角为 8° 要求的水平距离为

$$D_\mathrm{v} = \frac{72}{\tan 8°} = 513 \,(\mathrm{m})$$ （5-11）

最大水平张角为 10° 要求的水平距离为

$$D_\mathrm{h} = \frac{15/2}{\tan 5°} = 86 \,(\mathrm{m})$$ （5-12）

最大垂直张角为 5° 要求的水平距离为

$$D_\mathrm{v} = \frac{72}{\tan 5°} = 823 \,(\mathrm{m})$$ （5-13）

取能够满足要求的水平距离，架空输电线路与塔康导航台天线中心的保护间距应大于 513m。

5.8 分米波着陆系统（DILS）

5.8.1 分米波近程导航台

分米波近程导航台与机载设备配合工作，为航空器提供方位和距离信息，用以引导航空器沿预定航路（线）飞行、归航和辅助航空器进近着陆，同时也能获得航空器的位置和单架航空器的识别信息。分米波近程导航台通常设置在机场内或跑道中线延长线上。分米波近程导航台工作在 770M ~ 1000.5MHz 频段。

在分米波近程导航台信号覆盖区内，对各种有源干扰的防护率为 8dB。以分米波近程导航台方位天线为中心，半径为 250m 的区域内，场地下降坡度不应超过 0.5° 。上升坡度不应超过 0.25° 。障碍物的高度不应超出图 5-6 所示的阴影区。

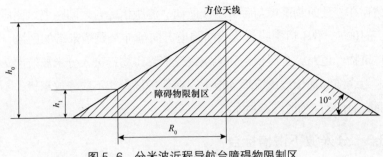

图 5-6　分米波近程导航台障碍物限制区

h_0—方位天线高度（m）；h_1—障碍物高度（m）；R_0—障碍物至方位天线的距离（m）。

5.8.2　分米波航向 / 测距信标台

分米波航向 / 测距信标台是分米波仪表着陆系统的组成部分，与机载接收机配合工作，为进近着陆的航空器提供航向道引导和距离信息。分米波航向 / 测距信标台通常配置在机场跑道中线延长线上，距跑道末端的距离为 200 ~ 600m。分米波航向信标台工作在 905.1M ~ 932.4MHz 频段，测距信标台工作在 770M ~ 808MHz 和 939.6M ~ 966.9MHz 频段。

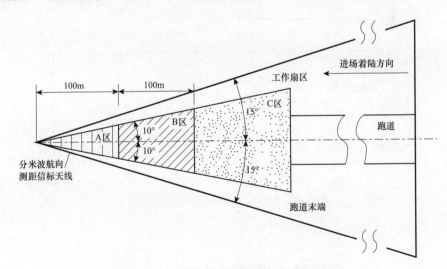

图 5-7　分米波航向 / 测距信标台场地保护区

在分米波航向 / 测距信标台信号覆盖区内，对各种有源干扰的防护率为 20dB。分米波航向 / 测距信标台的场地保护区是从天线开始、沿跑道中线向跑道方向延伸至跑道入口、±15° 的区域。在保护区内不应有大型金属反射物和架空输电线路存在，建筑物高度与距分米波航向／测距信标台之间距离之比应不大于1%；在 ±10°、沿跑道中线延长线向跑道方向延伸至跑道末端的区域，不应有树木、建筑物、道路、金属栅栏和架空线缆等障碍物；进入分米波航向／测距信标台的电力线缆和通信线缆应埋入地下；在保护区内，不应停放车辆，不得有任何的地面交通活动。如图 5-7 所示。

5.8.3　分米波下滑信标台

分米波下滑信标台是分米波仪表着陆系统的组成部分，与机载接收机配合工作，为进近着陆的航空器提供下滑道引导信息。分米波下滑信标台通常设置在跑道一侧，距跑道中线 105 ~ 180m，通常为 120m，距跑道入口的后撤距离为200 ~ 400m。

分米波下滑信标台工作在 939.6M ~ 966.9MHz 频段。

在分米波下滑信标台信号覆盖区内，对各种有源干扰的防护率为 20dB。分米波下滑信标台的保护区范围如图 5-8 所示，保护区内的电力线缆应埋入地下。

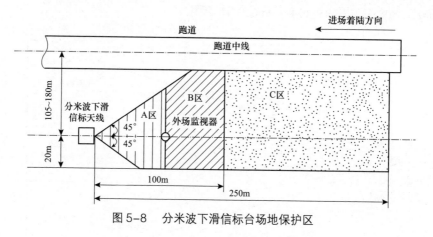

图 5-8　分米波下滑信标台场地保护区

5.9　精密进场雷达站（PAR）

精密进场雷达站交替发射水平和垂直扫描波束，接收航空器的反射回坡，测定其位置，用以引导航空器进近着陆。精密进场雷达站通常配置在机场平地区或迫降道以外，距跑道中线的距离 120 ~ 225m，距着陆点的后撤距离不小于 915m，且与着陆点的连线与跑道中线构成的夹角小于 9° 的地点。精密进场雷达站的工作频率为 9370MHz ± 30MHz。由于架空输电线路的电晕无线电干扰达不到这个频率，故不考虑对精密进场雷达站的电晕无线电干扰。

精密进场雷达站周围应平坦开阔。在覆盖区，距天线 500m 以内不应有高于以天线为基准 0.5° 张角的障碍物。配有超短波定向台的精密进场雷达站，还应满足超短波定向台的各项保护要求。

此所需高度为

$$H - H_a = D \tan\theta \tag{5-14}$$

式中　H——铁塔高度，m；

　　　H_a——天线高度，m；

　　　D——保护间距，m。

如果保护间距为 500m，天线高度取 20m，则得铁塔限高为

$$H = 500 \times \tan 0.5° + 20 = 24.36(\text{m}) \tag{5-15}$$

由于架空输电线路的铁塔高度为 72m，超出限高，所以架空输电线路的铁塔不能处于天线 500m 以内区域。在距天线 500m 以外区域虽没有规定，但一般考虑配有超短波定向台，架空输电线路与精密进场雷达站天线的保护间距应大于 1.72km。

5.10　对空情报雷达

对空情报雷达是用来搜索、监视和识别空中目标的雷达。对空情报雷达站由对空情报雷达、询问机以及附属设备等组成，在防空和空中交通管制系统中，用来搜索、监视和识别空中目标，测定其坐标。对空情报雷达一般包括警戒、引导、测高、目标指示、航管雷达等。对空情报雷达为我国目前常用的型号，频率为 80M ~ 3000MHz，可分为 80M ~ 300MHz 和 300M ~ 3000MHz 两个频段。

为了使对空情报雷达站免受架空输电线路的影响，保证正常工作和探测距离损失不超过 5%，而规定的二者之间的距离。保护间距，是指架空输电线路靠近对空情报雷达站一侧的边导线到对空情报雷达站雷达天线中心的距离。

由于对空情报雷达工作频率为 80M ~ 3000MHz，架空输电线路电晕的无线电干扰达不到这个频段，不考虑对空情报雷达的电晕无线电干扰。

GB 13618—1992《对空情报雷达站电磁环境防护要求》给出了确定架空输电线路保护间距的如下公式

$$D_{min} \geqslant 10^{\left(\frac{E_0 - 20\lg f + 20\lg B_n - E_{jqmax}}{20}\right)} \tag{5-16}$$

式中　　E_0——不同电压等级的场强常量，dB；

　　　　f——雷达工作频率，MHz；

　　　　B_n——雷达接收机等效噪声带宽，kHz；

　　　　E_{jqmax}——最大容许准峰值干扰场强，dB。

架空输电线路电晕的无线电干扰达不到 80M ~ 3000MHz 频段，无需按此公式进行电晕无线电干扰的保护间距计算。

具体执行时可参照 GB 13618—1992 对架空输电线路保护间距的有关规定（见表 5-1）。

表 5-1　不同电压等级的架空输电线路与对空情报雷达站的保护间距

干扰源		保护间距（km）	
		80M ~ 300MHz	300M ~ 3000MHz
架空输电线路（kV）	500	1.6	1.0
	220 ~ 330	1.2	0.8
	110	1.0	0.7

5.11　对海远程无线电导航台和监测站

远程无线电导航系统采用多脉冲相位编码和相关检测技术，可以在很低的信噪比条件下工作，最低信噪比可以低至 –14dB 以下。正是由于它的抗干扰性和频率选择性非常好，输电线路对长波远程无线电导航台、长波远程无线电监测站（即罗兰 C 系统）的影响，GB 13613—2011《对海远程无线电导航台和监测站电磁环境要求》规定了为保证导航台站提供正常导航信息而对有源干扰和台站周围设施的限制。

5.11.1　长波远程无线电导航台

长波远程无线电导航台发射全方向性脉冲导航信号，为提供正确的导航信息，还必须接收远方台发射的信号。工作中心频率为 100kHz，在 90k ~ 110kHz 频段包含辐射能量 99% 以上。

接收远方台的最低罗兰 C 信号场强：在北纬 25° 以北为 54dB，在北纬 25° 以南为 60dB。同频道防护率为 15dB。

如果 0.5MHz 无线电干扰场强取为 58dB，则频率为 100kHz 的电场强度增量近似为

$$\Delta E = 5\left\{1 - 2\left[\lg(10 \times 0.1)\right]^2\right\} = 5.0 (\text{dB}) \tag{5-17}$$

当保护间距为 100m 时，电场强度为

$$E_p = 58 + 5.0 - 36\lg\frac{100}{20} = 37.84 (\text{dB}) \tag{5-18}$$

防护率为

$$54(60) - 37.84 = 16.16(22.16)(\text{dB}) > 15\text{dB} \tag{5-19}$$

电晕无线电干扰满足了防护率的要求。

以发射天线为中心，半径 500m 以内不得有架空金属线缆。以接收天线为中心，半径 60m 以内不得有架空金属线缆和 10m 高以上的建筑物。

附属的短波通信设施的电磁环境应符合 GB 13614—2012《短波无线电收信台（站）及测向台（站）电磁环境要求》中的有关规定。当频率取 1.5MHz 时，频率增量为

$$\Delta E = 5\left\{1 - 2\left[\lg(10 \times 1.5)\right]^2\right\} = -8.83 (\text{dB}) \tag{5-20}$$

在 510m 处的电晕无线电场强为

$$E_p = 58 - 8.83 - 23 - 20\lg\frac{510}{100} = 12 (\text{dB}) \tag{5-21}$$

满足了频率为 1.5MHz 背景无线电场强 12dB 的要求。

综上所述，架空输电线路电晕无线电干扰对长波远程无线电导航台的保护间距应大于 100m，再次辐射波影响要求的保护间距应大于 500m，考虑到对附属短波通信设施的电晕无线电干扰的保护间距应大于 510m。所以，架空输电线路与

长波远程无线电导航台的保护间距应大于 510m。

以接收天线为中心，半径 250m 以内不得有 1000kV 及以上的架空输电线路，防护距离计算方法参见 GB 13614—2012 中（附录 C）的有关规定。

5.11.2 长波远程无线电监测站

长波远程无线电监测站为罗兰 C 信号的接收台，对 70k ~ 130kHz 频带同频道防护率为 15dB，接收被监测台信号的最低罗兰 C 信号场强：在北纬 25° 以北为 54dB，在北纬 25° 以南为 60dB。

如果 0.5MHz 无线电干扰场强取为 58dB，则频率为 100kHz 的电场强度增量近似为

$$\Delta E = 5\left\{1 - 2\left[\lg(10 \times 0.1)\right]^2\right\} = 5(dB) \tag{5-22}$$

保护间距为 100m 时电场强度为

$$E_p = 58 + 5.0 - 36\lg\frac{100}{20} = 37.84(dB) \tag{5-23}$$

防护率为

$$54(60) - 37.84 = 16.16(22.16)(dB) > 15dB \tag{5-24}$$

电晕无线电干扰满足了防护率的要求。

以监测站接收天线为中心，半径 20m 以内不得有 35kV 及以上的架空输电线路，超过天线根部高度的架空金属线缆和超过天线根部 10m 高以上的建筑物。半径 250m 以内不得有 1000kV 及以上的架空输电线路。监测站短波通信设施的电磁环境应符合 GB 13614—2012 中的有关规定。

综上所述，架空输电线路电晕无线电干扰对长波远程无线电监测台的保护间距应大于 100m，架空输电线路再次辐射波对长波远程无线电监测台的保护间距应大于 20m。

考虑到对附属短波通信设施的电晕无线电干扰，架空输电线路与长波远程无线电监测台的保护间距应大于 510m，对于 1000kV 交流架空输电线路，还应按照 GB 13613—2011《对海远程无线电导航台和监测站电磁环境要求》的相关规定校验保护间距。

5.12　地球站

根据 GB 13615—2009《地球站电磁环境保护要求》，同步卫星通信系统地球站、同步气象卫星地球站以及海岸地球站的工作频段为 1G ～ 40GHz。由于架空输电线路电晕的无线电干扰达不到这个频段，不应该考虑对地球站、同步气象卫星地球站以及海岸地球站的电晕无线电干扰。

天线前方净空区地势应开阔，不应有金属反射物、架空电力线、电线杆等障碍物。天线前方净空区的要求如图 5-9 所示。

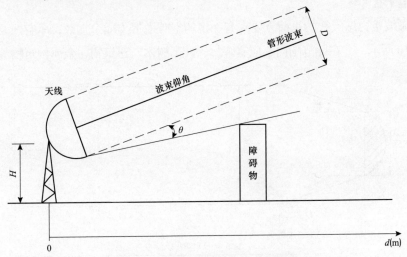

图 5-9　地球站天线前方净空区要求

H—天线高度（m）；D—天线直径（m）；d—离开天线的水平距离（m）；θ—管型波束保护角（天线工作频段为 4/6GHz 时，$\theta \geqslant 5°$；天线工作频段为 11/14GHz 时，$\theta \geqslant 10°$）

算例：天线仰角为 $\alpha=45°$，铁塔高度 $h=72$m，天线直径 $D=20$m，天线中心高度 $H=30$m，$\theta=45°$，求保护间距 d 可用如下公式计算

$$d = \left[h - \left(H - \frac{D}{2}\cos\alpha \right) \right] \frac{1}{\tan\theta} \qquad （5-25）$$

代入有关数值得

$$d = \left[72 - (30 - 10\cos45°)\right]\frac{1}{\tan5°} = 564(\text{m}) \qquad （5\text{-}26）$$

保护间距应大于 564m。

5.13 数字微波接力站

根据 GB 13616—2009《数字微波接力站电磁环境保护要求》，本章所论述的数字微波接力站为工作频段为 1G ～ 40GHz 视距微波接力传输系统台站。由于架空输电线路电晕的无线电干扰达不到这个频段，不考虑对数字微波接力站的电晕无线电干扰。

微波接力站天线的正前方要求有一定的空旷地带（即净空区，净空区要求见图 5-10 所示）。在此范围内不应有森林、较高树木、建筑物、金属构筑物等。

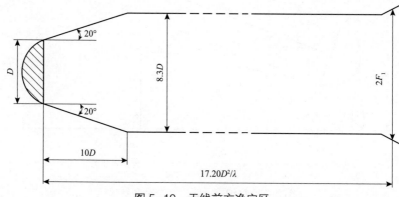

图 5-10 天线前方净空区

图 5-10 中，D 为天线直径，m，$D \leqslant 4$m；λ 为工作波长，m；F_1 为第一费涅耳区半径，由下式确定

$$F_1 = \sqrt{\frac{\lambda d_1 d_2}{d}} \; (\text{m}) \qquad （5\text{-}27）$$

式中 d——发送点至接收点距离，m；

d_1——发送点至计算点距离，m；

d_2——计算点至接收点距离，m。

$d > 17.20D^2/\lambda$ 的区域，净空区要求应为半径等于 F_1 之椭圆体空间。

若 f=1GHz，d=50000m，d_1=d_2=50000/2=25000m，波长

$$\lambda = \frac{3 \times 10^8}{1 \times 10^9} = 0.3(\mathrm{m}) \qquad （5\text{-}28）$$

$$F_1 = \sqrt{\frac{0.3 \times 25000^2}{50000}} = 61.24(\mathrm{m}) \qquad （5\text{-}29）$$

为了不遮挡两个微波接力站之间电磁波的传播，当架空输电线路穿过两个微波接力站之间区域时，铁塔应立在第一费涅耳区椭圆体空间之外，铁塔与两个微波接力站天线连线对地投影为中心线（两侧）的距离应大于 62m。